"十三五"普通高等教育本科部委级规划教材

针织服装设计与工艺

柯宝珠◎编著

Knitted Apparel Design And Technology

KNITTED APPAREL

国家一级出版社
中国纺织出版社
全国百佳图书出版单位

内容提要

本书是“十三五”普通高等教育本科部委级规划教材，全书共分为四篇：基础知识篇、设计应用篇、制作工艺篇——成形类针织服装、制作工艺篇——裁剪类针织服装。详细介绍了针织服装与机织服装的区别、针织服装的设计思维与系列设计的表现形式、电脑辅助针织服装设计的方法；最后重点介绍了成形类针织服装的编织工艺计算方法与制作工艺实例、裁剪类针织服装的结构设计方法与制作工艺实例。

本书立足于全面性和系统性的论述，同时配以大量生产一线的实例，实用性与可操作性强。可用于高等院校纺织、服装等相关专业的主要教材，也可供从事服装设计、生产等行业的专业技术人员、其他从业人员参考阅读。

图书在版编目（CIP）数据

针织服装设计与工艺／柯宝珠编著.-- 北京：中国纺织出版社，2019.3

“十三五”普通高等教育本科部委级规划教材

ISBN 978-7-5180-5707-8

Ⅰ. ①针… Ⅱ. ①柯… Ⅲ. ①针织物—服装设计—高等学校—教材②针织物—服装工艺—高等学校—教材 Ⅳ. ①TS186

中国版本图书馆CIP数据核字（2018）第272084号

策划编辑：李春奕　　责任编辑：谢冰雁　　责任校对：寇晨晨
责任设计：何　建　　责任印制：王艳丽

中国纺织出版社出版发行
地址：北京市朝阳区百子湾东里A407号楼　邮政编码：100124
销售电话：010—67004422　传真：010—87155801
http：//www.c-textilep.com
E-mail：faxing@c-textilep.com
中国纺织出版社天猫旗舰店
官方微博 http://weibo.com/2119887771
北京玺诚印务有限公司印刷　各地新华书店经销
2019年3月第1版第1次印刷
开本：787×1092　1/16　印张：10
字数：131千字　定价：42.80元

前言 Preface

针织服装质地柔软，具有良好的弹性、延伸性、抗皱性与透气性，穿着舒适自由。随着人们对休闲、运动生活的崇尚，针织服装越来越成为流行的焦点，目前全球针织服装的发展速度已超过了机织服装。特别是新材料、新工艺、新技术的应用，使针织面料品种更加丰富多彩、性能更加优良。针织服装不再局限于传统的内衣、毛衫、休闲装、运动装，众多一线国际大牌在产品设计中开始纳入针织服装类别，针织服装逐渐登入高级时装的大雅之堂，且趋于时装化、个性化、功能化和高档化。针织服装在现代生活中占据越来越重要的地位，具有机织服装所不能取代的作用，但针织服装的时尚化和个性化设计还远远不够，企业对既懂艺术设计、又懂制作工艺的人才极为欠缺。为了满足企业对针织服装设计专业人才的需求，众多服装类高等院校开始开设针织服装方向的服装设计专业。鉴于目前国内图书市场系统介绍针织服装设计与工艺，全面阐述全成形和裁剪类针织服装制作工艺的书籍较为欠缺，笔者利用十余年的课堂教学经验，结合企业的实践教学，前后花了五年时间，不断修改、更新，撰写了本书。

本书主要包括基础知识篇、设计应用篇、制作工艺篇——成形类针织服装、制作工艺篇——裁剪类针织服装四大部分。其中基础知识篇主要介绍：针织服装的定义与分类、针织服装的生产工艺流程、针织面料的基本结构与性能特点、常见纬编针织物及其特性。设计应用篇主要介绍：针织服装设计的基础、针织服装的廓型与细部设计、针织服装系列设计、电脑辅助针织服装设计。制作工艺篇——成形类针织服装主要介绍：成形针织服装编织方法和工艺计算方法、制作工艺实例。制作工艺篇——裁剪类针织服装主要介绍：裁剪针织服装生产的基本知识与常用结构设计方法、裁剪类针织服装的细部结构制图与制作工艺实例。本书既强调基础理论知识的讲解，又注重实际应用和实例的讲解，有较强的指导性。

本书在编写过程中，引用了一些著名国际服装品牌和上海工程技术大学服装设计与工程专业学生的优秀作品作为范例说明，在此表示诚挚的感谢。同时非常感谢本书的编辑李春奕和出版社各位工作人员在本书出版过程所付出的努力。由于笔者水平有限，书中疏漏和不足之处，恳请广大读者批评指正。

编著者

2018 年 10 月

目录 Contents

第一部分　基础知识篇 …… 008

第一章　针织服装概述 …… 009
　第一节　针织服装的定义与分类 …… 009
　第二节　针织服装的生产工艺流程 …… 012
　第三节　针织面料的基本结构与性能特点 …… 014
　第四节　常见纬编针织物及其特性 …… 020

第二部分　设计应用篇 …… 030

第二章　针织服装设计的基础 …… 031
　第一节　针织服装的设计思维 …… 031
　第二节　针织服装的造型要素 …… 036
　第三节　针织服装设计的形式法则 …… 040
第三章　针织服装的廓型与细部设计 …… 043
　第一节　针织服装的廓型设计 …… 043
　第二节　针织服装的细部设计 …… 046
第四章　针织服装系列设计 …… 058
　第一节　服装系列设计的概念与条件 …… 058
　第二节　针织服装系列设计的表现形式 …… 061
第五章　电脑辅助针织服装设计 …… 069
　第一节　Photoshop结合Illustrator绘制针织服装款式图与效果图 …… 069
　第二节　Illustrator绘制棒针花样编织图与花纹意匠图 …… 073
　第三节　Illustrator绘制针织服装编织工艺图 …… 076

第三部分　制作工艺篇——成形类针织服装 …… 078

第六章　成形类针织服装编织方法和工艺计算方法 …… 079

第一节　成形类针织服装的编织方法……079
第二节　成形类针织服装的编织工艺计算方法……090
第七章　成形类针织服装制作工艺实例……096
第一节　开衫……096
第二节　套头衫……099
第三节　斗篷……101
第四节　蝙蝠衫……104
第五节　连衣裙……107

第四部分　制作工艺篇——裁剪类针织服装……112

第八章　裁剪类针织服装生产的基本知识……113
第一节　裁剪类针织服装的基本知识……113
第二节　服装制图基本知识……115
第三节　裁剪类针织服装缝纫常用线迹与机器……119
第九章　裁剪类针织服装常用结构设计方法……127
第一节　针织服装基样法结构设计……129
第二节　针织服装规格演算法结构设计……133
第十章　裁剪类针织服装的细部结构制图……135
第一节　针织服装领型结构制图……135
第二节　针织服装袖型结构制图……141
第十一章　裁剪类针织服装制作工艺实例……147
第一节　圆领短袖宽松T恤衫……147
第二节　坦领蝙蝠短袖T恤衫……149
第三节　圆领长袖贴体卫衣……151
第四节　悬荡领抽褶时装裙……153

参考文献……159

Part1 第一部分

基础知识篇

课程名称：基础知识篇

课程内容：针织服装概述

课程时间：8 课时

教学目的：让学生了解针织服装的定义与分类、针织服装的生产工艺流程；掌握针织面料的基本结构与性能特点、常见纬编针织物及其特性，体会针织面料与机织面料的区别。

教学要求：从针织的基本概念出发，掌握针织物的基本组织及其特性，能设计符合时尚流行趋势和市场需求的针织面料。

第一章　针织服装概述

现代针织是由早期的手工编织演变而来，手工针织的工具是棒针，其历史悠久、技艺精巧、花型灵活多变，在民间得到广泛流传和发展，迄今发现最早的手工针织品距今约 2200 多年。手工棒针和钩针编织曾在很长一段时间内居于针织服装生产的主导地位，直到 1589 年，英国神学院的一名学生威廉·李（William Lee）发明了世界上第一台手摇式钩针针织机，可用于编织毛线袜片。从此，针织服装逐渐由手工编织走向机械化编织。

1879 年，欧洲国家的针织品输入中国，洋袜、手套以及其他针织品通过上海、天津、广州等口岸传入我国。1896 年，中国第一家针织厂在上海虹口成立——上海云章袜衫厂（现在的上海景纶针织厂），标志着我国针织工业的开始。

针织服装质地松软，有良好的抗皱性与透气性，并有较大的延伸性与弹性，穿着舒适。随着人们生活崇尚休闲、运动，针织服装越来越成为服装流行的焦点，目前全球针织服装的发展速度已经超过了机织服装。特别是新材料、新工艺、新技术的应用，使针织面料种类更加丰富、性能更加优良。众多一线国际大牌在产品设计中也纳入了针织服装的类别，针织服装逐渐登入高级时装的大雅之堂，且趋于时装化、成衣化。针织服装在现代生活中占据越来越重要的地位，具有机织服装所不能替代的优势。

第一节　针织服装的定义与分类

采用针织面料制作或用针织方法直接编织成形的服装统称为针织服装，它是指以线圈为最小组成单元的服装。针织服装一般来说是相于机织服装而言，机织服装是用机织物（图 1–1）制成的服装。针织就是利用织针将纱线弯曲成线圈，并将其相互串套起来形成织物的一门工艺技术，根据纱线在织物中的成圈方向可以将针织物分为经编织物（图 1–2）和纬编织物（图 1–3）。

（1）经编织物：纱线沿经向套入织针进行编织形成的织物（图 1–4）。

（2）纬编织物：纱线沿纬向套入织针进行编织形成的织物（图 1–5）。

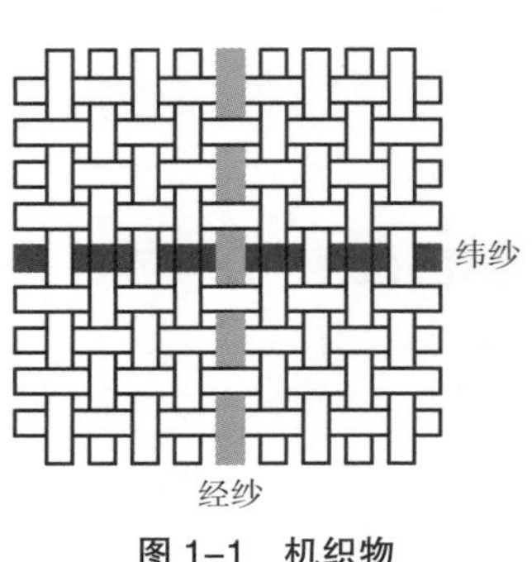

图 1–1　机织物

经纱

图 1–2　经编织物

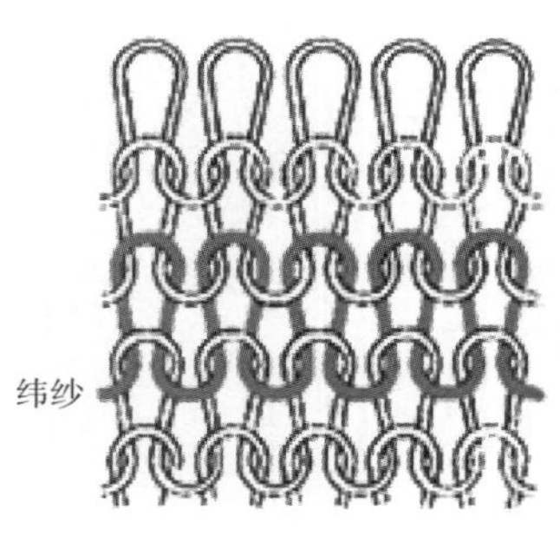

图 1–3　纬编织物

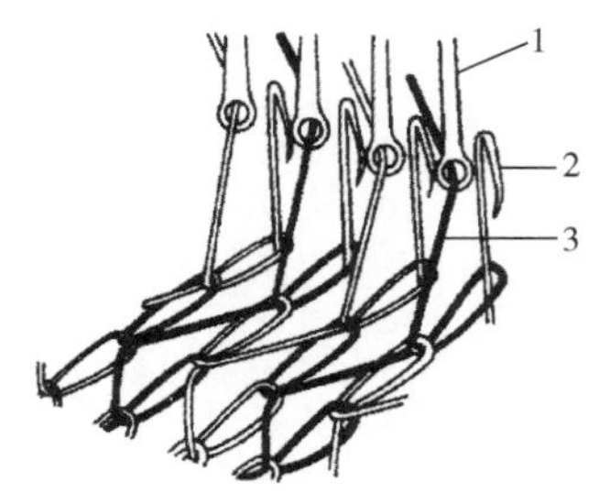

图 1–4　经编针织

1—导纱梳　2—织针　3—经纱

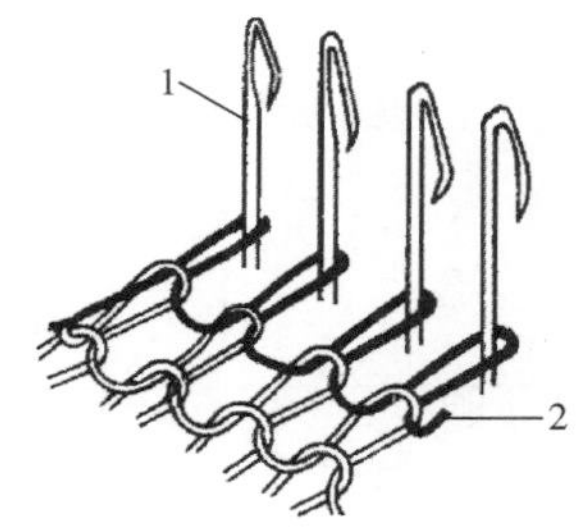

图 1–5　纬编针织

1—织针　2—纬纱

针织服装种类繁多，按用途可分为针织毛衫、针织内衣、针织外衣、针织配件。

一、针织毛衫

针织毛衫是指用细度较粗的羊毛、兔毛、马海毛、驼绒等毛纱线或毛型化纤纱线编织的服装，俗称毛衣。针织毛衫的种类很多，有背心、套衫、开衫、裙、裤、连衣裙、外套等。其款式、色彩、装饰常随季节及流行的变化而不断更新。现代毛衫集时装与日常服于一体，穿着日趋广泛，已成为针织服装中一个重要的独立分支。毛衫一般在纬编横机上编织或由手工编织而成，其特点是成形编织，通过收放针，直接编织出衣片后缝合成衣（图 1–6）。

图 1–6　针织毛衫

二、针织内衣

针织内衣是指穿在外衣里面、紧贴肌肤的针织服装。主要分为贴身内衣、运动内衣、补整内衣和装饰内衣（图 1–7）。

图 1–7　针织内衣

三、针织外衣

针织外衣是相对于针织内衣而言，随着国内外市场对针织服装需求的增加，针织外衣发展迅猛。针织外衣主要有针织运动服装、针织休闲服装、针织社交礼服等（图 1–8）。

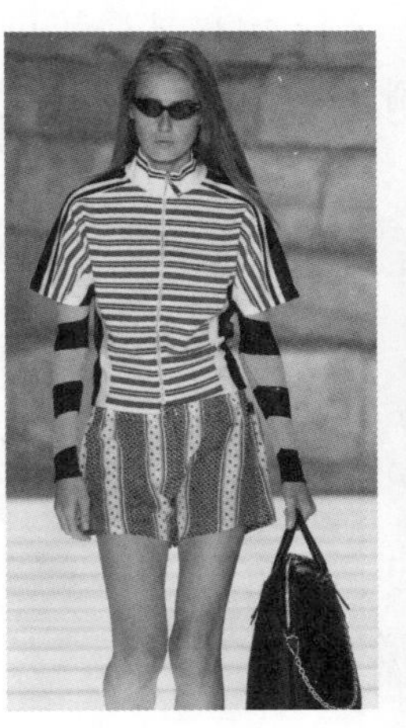

图 1–8　针织外衣

四、针织配件

作为与针织服装或其他时装配套之用，针织配件具有不可或缺的地位，其色彩富于变化、装饰手段多样，能配合不同服装的装饰需求。尤其在年轻活泼的休闲服装搭配中，针织配件几乎成了必备品。针织配件主要有针织袜、手套、围巾、帽、头饰等（图 1–9）。

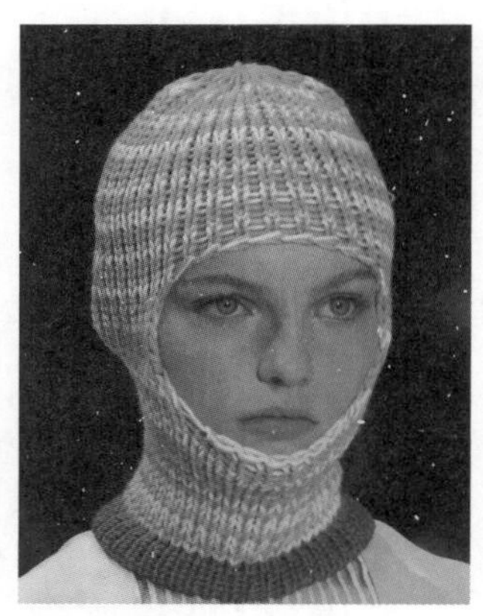

图 1–9　针织配件

第二节　针织服装的生产工艺流程

针织服装的生产工艺流程分为成形衣片的生产工艺流程和坯布裁片的生产工艺流程两类。

一、成形衣片的生产工艺流程

成形衣片的缝制是利用成形针织品编织工艺，编织出衣服形态的衣片和衣坯，然后缝合成衣。成形衣片分全成形和半成形两类，全成形是在机器上编织成衣坯，只需缝合；半成形则还需将织成的衣片作部分裁剪，如开领、挖袖窿等，然后缝合成衣。这类方式通常用于毛衣、袜子、手套的制作。成形衣片的生产工艺流程：

款式设计→样板设计→原料准备→横机织造→染整工序→装饰工序→检验→成衣定形→成品检验→包装→入库。

（1）款式设计：包括样衣试制、规格设计；

（2）样板设计：包括板型设计、放缝设计；

（3）原料准备：包括原料进厂、原料检验、准备工序（络纱）；

（4）横机织造：包括全成形编织、检验、成衣（手工、机械缝合）等工序，或半成形编织、检验、定形、部分裁剪、成衣（手工、机械缝合）等工序；

（5）染整工序：包括成形衣片的染色、拉绒、缩绒、特种整理；

（6）装饰工序：包括绣花、贴花等装饰工艺。

成形衣片主要采用手摇横机、电脑横机或手工编织而成。图 1–10 是全成形针织电脑横机，图 1–11 是全成形针织服装。

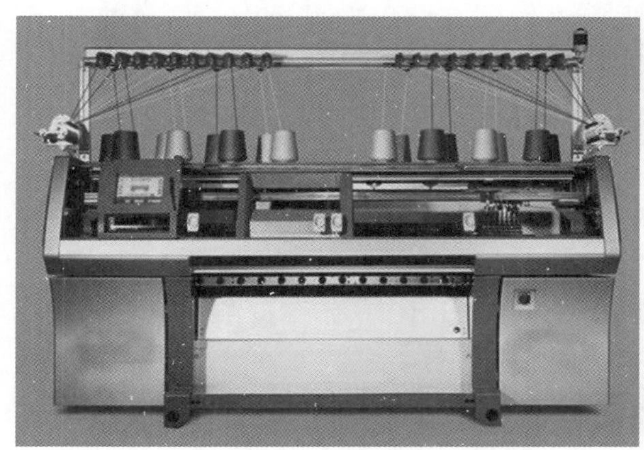

图 1–10　全成形针织电脑横机

图 1–11　全成形针织服装

二、坯布裁片的生产工艺流程

坯布裁片的缝制即把针织坯布按样板裁剪成衣片，然后缝合衣片的生产方式。一般情况下，针织内衣、针织外衣都采用坯布编织，下机后按样板裁剪，最后成衣。坯布裁片的生产工艺流程：

款式设计→坯布准备→裁剪→缝制→后整理 。

（1）款式设计：确定成衣款式、成品规格、样板设计、面料组织、克重等指标；

（2）坯布准备：确定坯布组织、使用原料、纱支、平方米克重等指标。坯布准备完成后，需打开放置 24 小时以上才能进入裁剪，使面料充分回缩，消除在加工过程中带来的伸长和变形，以降低坯布的缝制工艺回缩率；

（3）裁剪：包括验布、铺料、断料、提缝、排料、划样、裁剪、验片、打号、捆扎；

（4）缝制：按照缝制工艺流程进行缝制；

（5）后整理：剪线头、熨烫、质检、包装等。

针织坯布的编织机器主要有大圆机、平行经编机等。图 1–12 是针织大圆机，图 1–13 是坯布裁片的针织服装。

图 1–12 针织大圆机

图 1–13 坯布裁片的针织服装

第三节 针织面料的基本结构与性能特点

一、针织面料的基本结构

针织面料的基本结构单元为线圈，它是一条三度弯曲的空间曲线（图 1–14）。一个完整线圈单元由圈干 1 ～ 5 和延展线 5–6–7 组成，圈干则由圈柱 1–2 与 4–5 和针编弧 2–3–4 组成（图 1–15）。

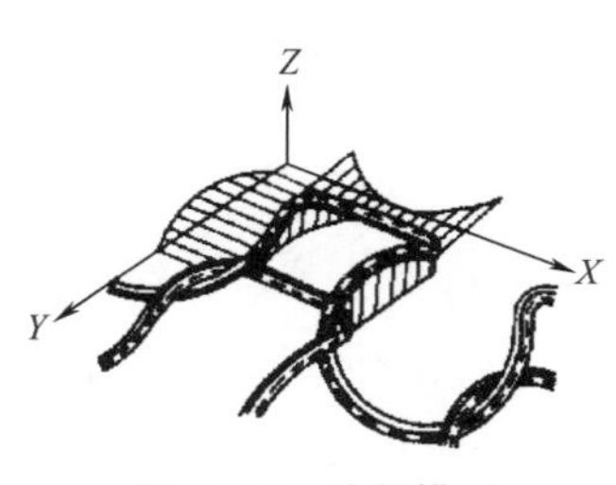

图 1–14 线圈模型

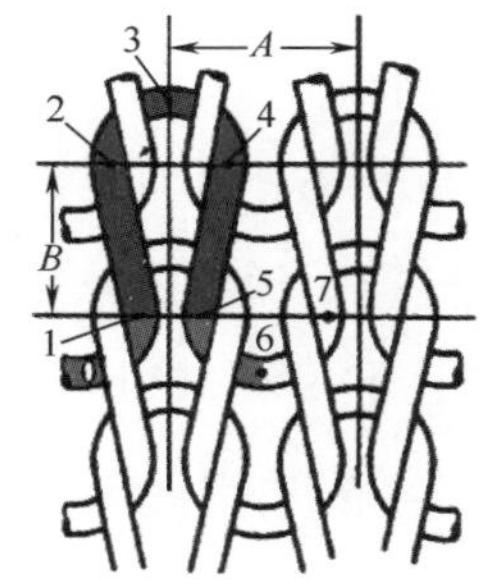

图 1–15 纬平针组织线圈结构

A：圈距；*B*：圈高

针织物中线圈在横向连接的组合 a–a 称为横列；线圈在纵向串套的组合 b–b 称为纵行；在同一横列中相邻两线圈对应点之间的水平距离 *A* 称为圈距；在同一纵行中相邻两线圈对应点之间的垂直距离 *B* 称为圈高；圈距和圈高的大小直接影响针织物组织的紧密程度（图 1–16）。

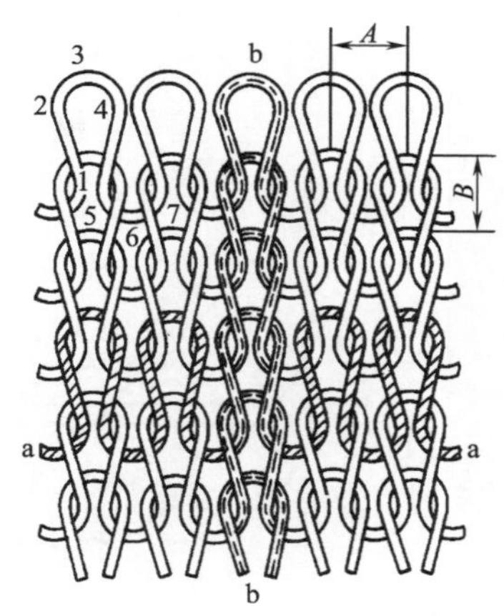

图 1–16　纬平针组织线圈结构细节

a–a：横列　b–b：纵行　A：圈距　B：圈高

针织物也有织物正面和织物反面之分，圈柱覆盖于圈弧之上的一面称为织物正面；圈弧覆盖于圈柱之上的一面称为织物反面。针织物按编织的针床数又分为单面针织物和双面针织物，单面针织物由一个针床编织而成，其线圈的圈弧或圈柱集中分布在织物的一面（图 1–17）；双面针织物由二个针床编织而成，织物两面均有正面线圈（图 1–18）。

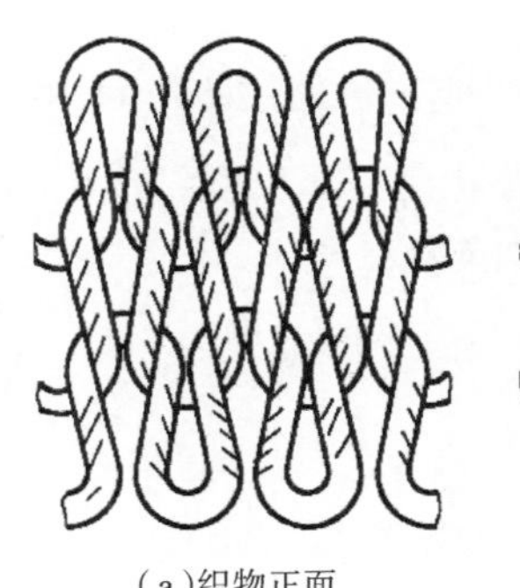

（a）织物正面

（b）织物反面

图 1–17　单面针织物

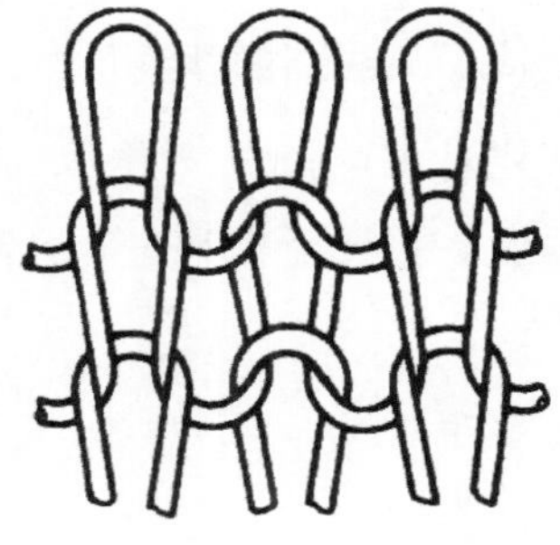

图 1–18　双面针织物

二、针织物的特点与性能参数

针织物是由孔状线圈形成，结构比较松散，因而针织物具有透气性好、膨松、柔软、轻便的特点。针织物的线圈是三度弯曲的空间曲线，当针织物受力时，弯曲的纱线会变直，圈柱和圈弧部段的纱线可互相转移（图 1–19）。因此针织物延伸性大、弹性好，这一特点使得针织衣物穿着时既合体又能随着人体各部位的运动而自行扩张或收缩，给人体以舒适的感受。

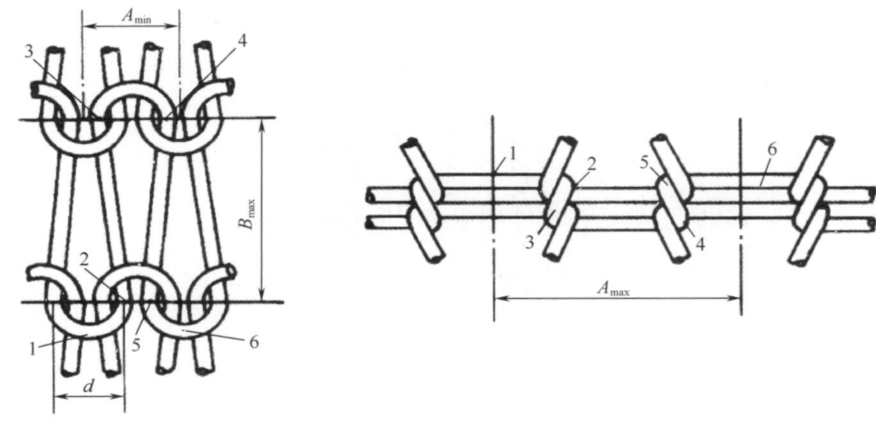

图 1–19 针织线圈的圈柱与圈弧转移

由于针织物的适体、舒服、抗折皱、款式轻松活泼、易于翻新、容易适应服饰流行的瞬息变化等特点，特别适合制作运动服、休闲服、内衣、T 恤衫、羊毛衫、袜子、手套、围巾等。

针织物的性能参数主要有以下几个：

1. 线圈长度

组成一只线圈的纱线长度，它由线圈的圈干和延展线组成，一般用 l 表示，线圈长度一般以毫米（mm）为单位。线圈长度可用拆散的方法测量其实际长度，或根据线圈在平面上的投影近似地进行计算，也常在编织过程中用仪器直接测量到每枚针上的纱线长度。

2. 密度

密度指纱线在一定线密度条件下，用以表示针织面料稀密程度的指标，是指针织物在单位长度内的线圈数。通常采用横向密度和纵向密度来表示。

横向密度（简称横密）：是指沿线圈横列方向在规定长度（50mm）内的线圈数，用 P_A 来表示。

$$P_A=50/A$$

式中：P_A——横向密度，线圈数／50mm；

A——圈距，mm。

纵向密度（简称纵密）：是指沿线圈纵行方向在规定长度（50mm）内的线圈数，用 P_B 来表示。

$$P_B=50/B$$

式中：P_B——纵向密度，线圈数／50mm；

B——圈高，mm。

密度除了影响针织面料的脱散性、延伸度、弹性和抗起毛起球等性能以外，还影响织物的手感和尺寸稳定性等，所以密度对确保质量是很重要的。

3. 未充满系数

针织物的稀密程度受两个因素的影响：密度和纱线线密度。密度仅仅反映了一定面积范围内线圈数目多少对织物稀密的影响。

为了反映出在相同密度条件下纱线线密度对织物稀密的影响，必须将线圈长度 l（mm）和纱线直径 f（mm）联系起来，这就是未充满系数 δ。

$$\delta=l/f$$

4. 平方米干燥重量

针织物的平方米干燥重量是国家对针织物的重要考核指标之一，也是重要的经济指标，用每平方米织物的克数表示。

5. 厚度

针织物的厚度与其风格特征有着密切的关系。厚度取决于针织物的组织结构、线圈长度和纱线线密度等因素。针织物厚度有时用纱线直径表示，也可以用织物厚度仪在试样处于自然的状态下进行测量。

6. 断裂强力与断裂伸长率

针织物在连续增加的负荷作用下至断裂时所能承受的最大负荷为断裂强力，以千克计。布样断裂时伸长与原来长度之比称为针织物的断裂伸长率，用百分比表示。它可以反映针织物的牢度和延伸性。

7. 工艺回缩性

针织物在加工或使用过程中长度和宽度的变化。针织物的缩率可为正值或负值，如在加工时纵向伸长横向收缩，则横向缩率为正，纵向缩率为负。

8. 脱散性

当针织物纱线断裂或线圈失去串套联系后，线圈与线圈的分离现象。

9. 卷边性

某些组织的针织物在自由状态下其布边会发生包卷，这种现象称为卷边。这是由于线圈中弯曲线段所具有的内应力力图使线段伸直而引起。

10. 延伸性

针织物的延伸性是指针织物在受到外力拉伸时，其尺寸伸长的特性。

11. 钩丝与起毛、起球

针织物在使用过程中碰到尖硬的物体，织物中纤维或纱线就会被钩丝。当织物在穿着、洗涤中不断经受摩擦，纱线表面的纤维端露出织物，称为起毛。若起毛的纤维端在以后穿着中不能及时脱落，就会相互纠缠在一起被揉成许多球形小粒，称之为起球。起毛、起球和钩丝主要在化纤产品中较突出。

三、针织物组织的表示方法

1. 线圈结构图

针织物的线圈结构图是用图解方法将线圈在织物中的形态描绘下来。其特点是直观、繁杂，适用于简单组织（图 1–20）。

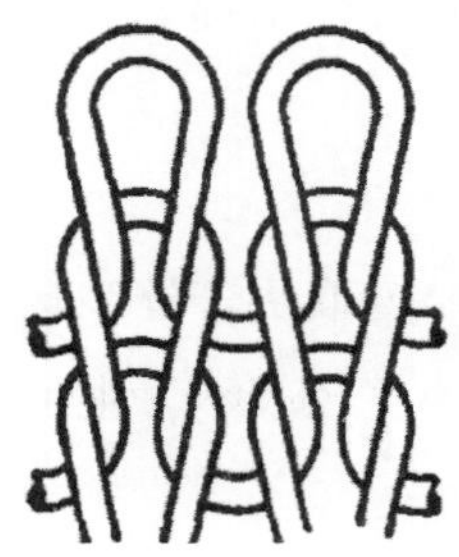

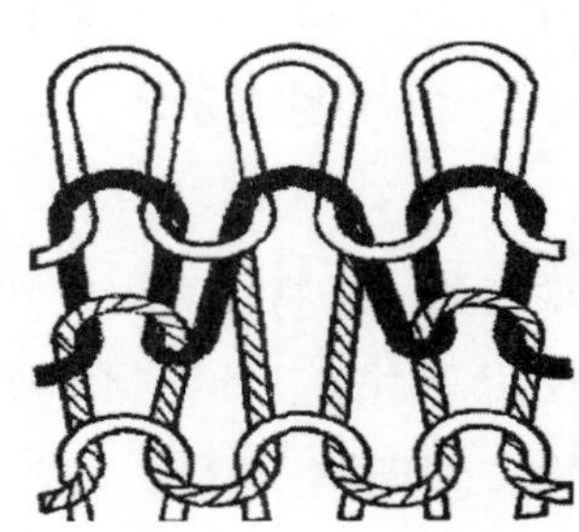

图 1–20　线圈结构图

2. 意匠图

（1）意匠图：是将针织物内线圈组合的规律，用规定的符号在小方格纸上表示的一种图形。主要有花纹意匠图和结构意匠图，其特点是不够直观，适用于结构较复杂及大花纹的织物组织。

（2）花纹意匠图：用于表示提花织物正面的花型与图案。每一方格代表一个线圈，方格直向的组合表示线圈纵行，横向的组合表示线圈横列（图 1–21），组成一个组织的最小循环单元为一个完全组织。方格内的不同符号代表不同的颜色，如图 1–21（a）所示，也可以直接用不同颜色填入各方格内，这样能更直观的表达花纹的形态，如图 1–21（b）所示。

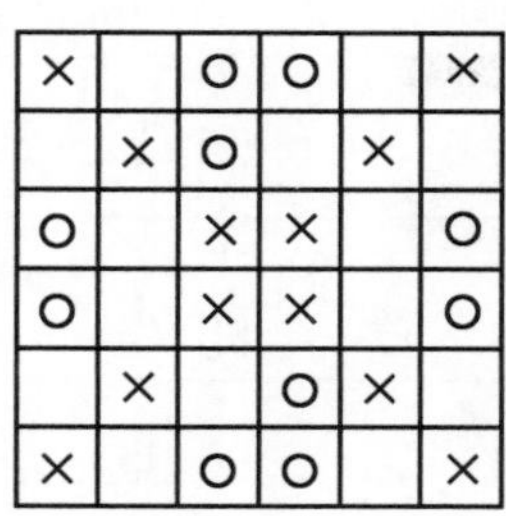

（a）符号表达的花纹意匠图

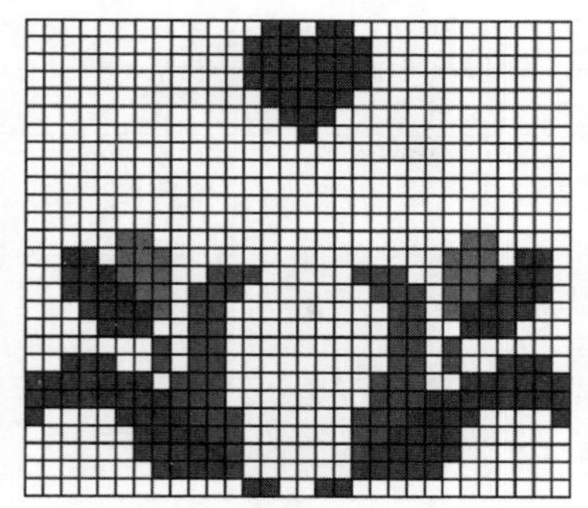

（b）颜色表达的花纹意匠图

×—红色　○—蓝色　□—白色

图 1-21　花纹意匠图

纱线在织物内以成圈、集圈和浮线三种形式存在。

①成圈：纱线编织成线圈；

②集圈：织针勾住喂入的纱线，但不编织成圈，纱线在织物内成悬弧状；

③浮线：织针不参加编织，纱线没有喂入。

（3）结构意匠图：是将成圈、集圈和浮线用规定的符号在方格纸上表示出来，多用于表示单面织物（图 1-22）。

×		○	○		×
•	×	○	•	×	
○		×	×		○
○	•	×	×	•	○
	×		○	×	•
×		○	○		×

×—正面线圈

○—反面线圈

•—集圈悬弧

□—浮线（不编织）

图 1-22　结构意匠图

3. 编织图

编织图是将织物的横断面形态，按编织的顺序和织针的工作情况，用图形来表示的一种方法（表 1-1）。编织图适用于大多数纬编针织物，尤其是双面纬编针织物，如半畦编组织和畦编组织（图 1-23、图 1-24）。

表 1–1　编织图的表示方法

编织方法	织针	表示符号
成圈	针盘织针	
	针筒织针	
集圈	针盘织针	
	针筒织针	
浮线	针盘织针	
	针筒织针	
抽针		

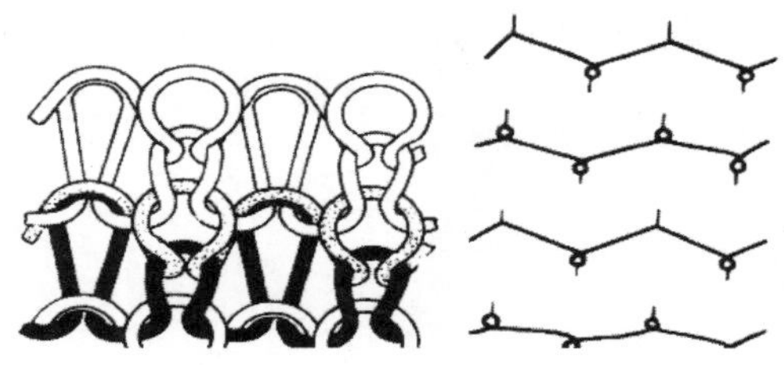
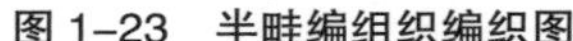

图 1–23　半畦编组织编织图

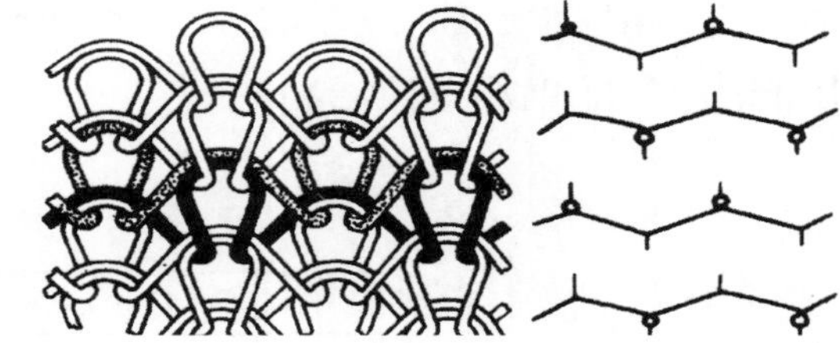

图 1–24　畦编组织编织图

第四节　常见纬编针织物及其特性

一、纬编基本组织及特征

1. 纬平针组织（Weft Plain Stitch，又称平针组织）

（1）纬平针组织的定义：由连续的单元线圈向一个方向串套而成，是单面纬编针织物中的基本组织（图 1–25）。

（2）纬平针组织的特性：

①线圈歪斜：在自由状态下，线圈发生歪斜，使线圈横列和纵行不相互垂直（图 1–26）。产生的原因为纱线的捻度不稳定，力图解捻。解决方法为采用捻度较低和捻度稳定的纱线；或采用两根捻向相反的纱线。

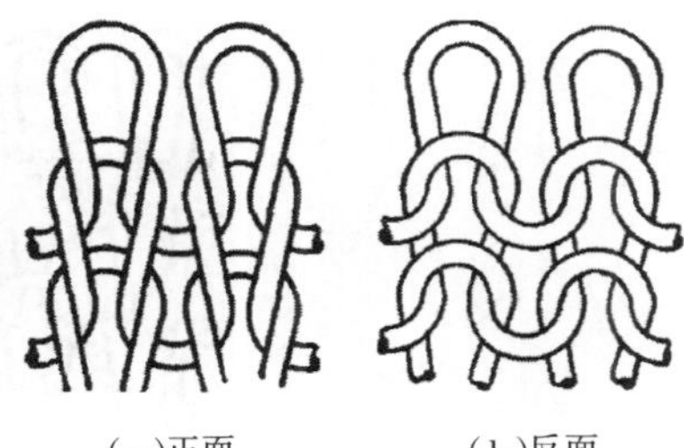

（a）正面　　（b）反面

图 1–25　纬平针组织

②卷边性：纬平针织物有明显的卷边性，宽度方向向反面卷，长度方向向正面卷。产生原因为形成线圈过程中，弯曲的纱线弹性变形消失而伸直。

③脱散性：纬平针织物具有纵横向脱散性（图 1–27）。横向顺、逆编织方向均可脱散；纵向当纱线断裂，线圈沿纵行从断裂纱线处顺序脱散时，也称梯脱。

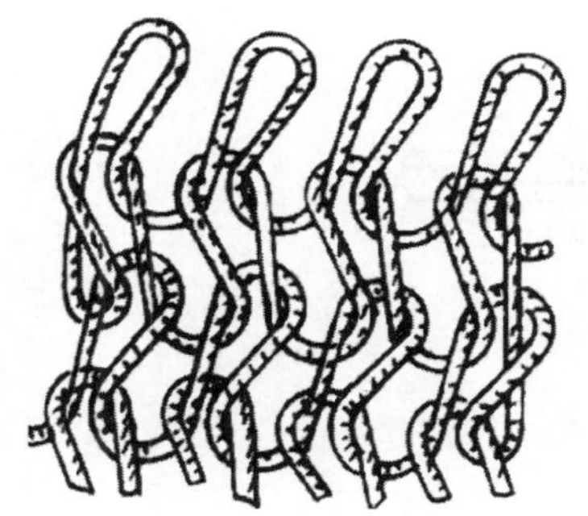

图 1–26　纬平针组织的线圈歪斜

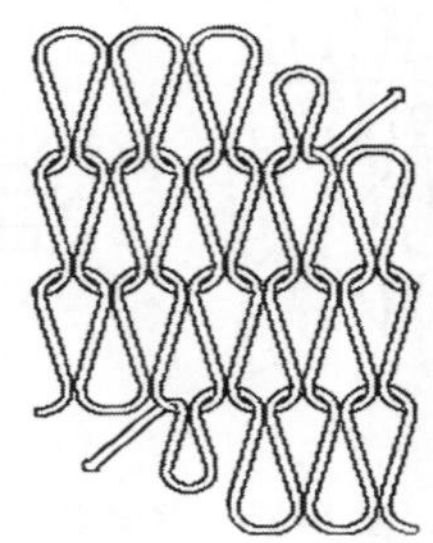

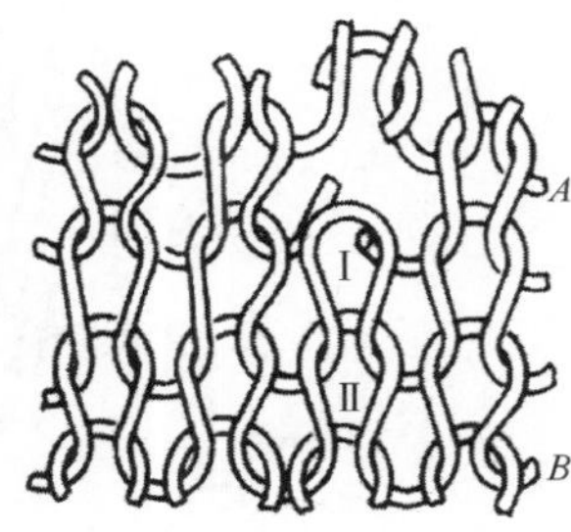

（a）横向脱散　　（b）纵向脱散

图 1–27　纬平针组织的脱散

④延伸性：在外力拉伸作用下产生伸长的特性，横向延伸性大于纵向。

2. 罗纹组织（Rib Stitch）

（1）罗纹组织的定义：由正面线圈纵行和反面线圈纵行以一定的组合相间配置而成的双面纬编基本组织。每一横列由一根纱线编织而成，在自由状态下，正面线圈纵行遮盖部分反面线圈纵行（图 1–28），主要用于领口、袖口、下摆或紧身弹力衫裤等。按正反面线圈纵行的配置比例，用数字 1+1、2+2、3+2 等表示（图 1–29）。

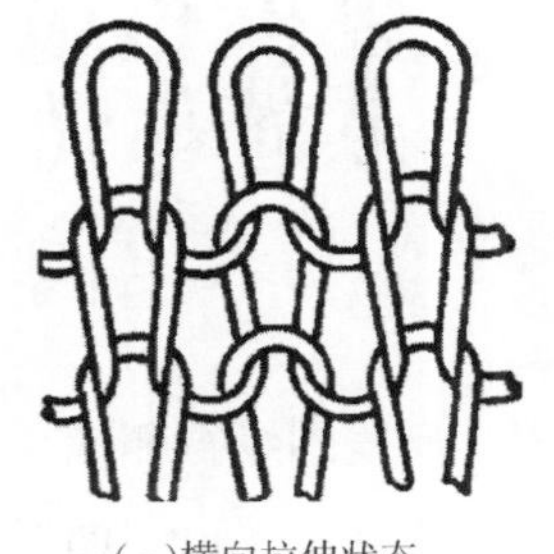

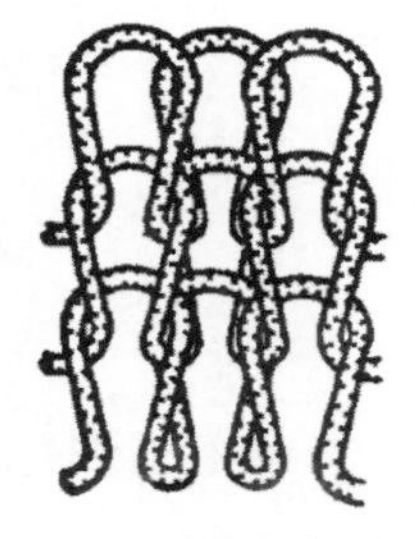

（a）横向拉伸状态　　（b）自由状态

图 1–28　罗纹组织

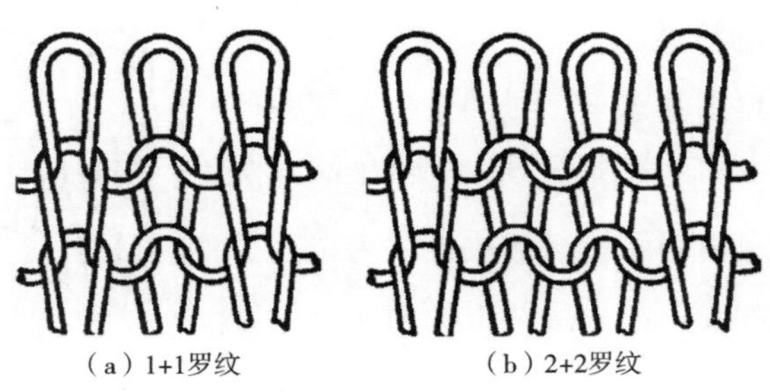

图 1–29　罗纹组织的表示方法

（2）罗纹组织的特性：

①弹性和延伸性：纵向延伸性类似于纬平针组织；横向具有较大的弹性和延伸性（图 1–30）。

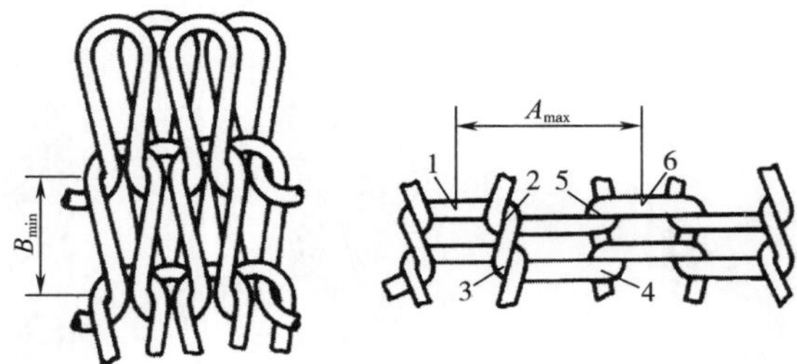

图 1–30　罗纹组织的横向延伸

②脱散性：罗纹组织只能沿逆编织方向脱散，纵向与纬平针类似，会发生梯脱（图 1–31）。

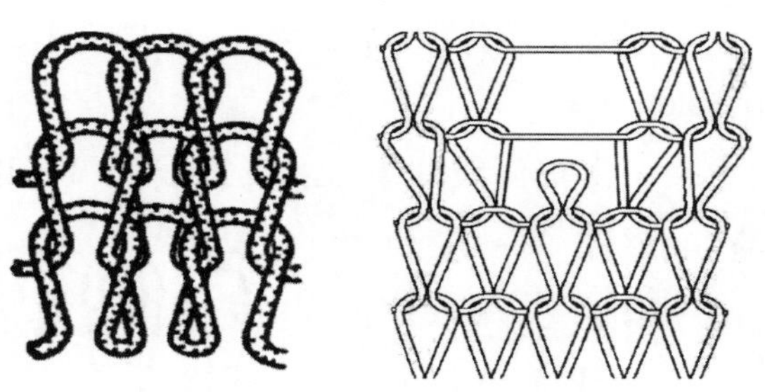

图 1–31　罗纹组织的脱散

③卷边性：正、反线圈纵行相同（如 1+1、2+2 等）的罗纹组织，因造成卷边的力彼此平衡，基本不卷边；正、反线圈纵行不相同（如 2+1、2+3 等）的罗纹组织，存在微卷边，但卷边现象不严重；正、反线圈纵行数值较大（如 4+5、4+1 等）时，长度方向会存在类似平针组织的卷边。

3. 双罗纹组织（Interlock Stitch）

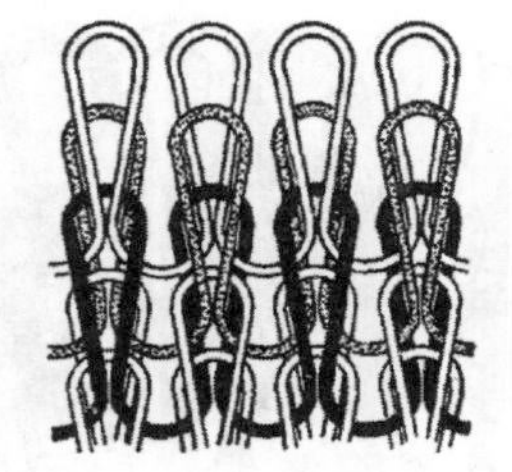
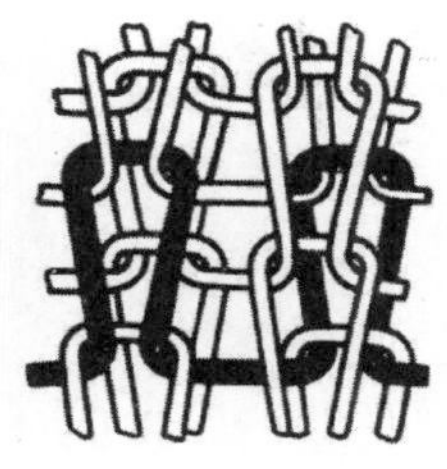

图 1–32　双罗纹组织

（1）双罗纹组织的定义：由两个罗纹组织彼此复合而成的双面纬编组织，在一个罗纹组织线圈纵行之间配置了另一个罗纹组织的线圈纵行，主要用于棉毛衫裤、休闲服、运动装和外套等（图 1–32）。

（2）双罗纹组织的特性：

①延伸性与弹性均小于罗纹组织；

②只逆编织方向脱散，脱散性较小；

③布面不卷边，线圈不歪斜；

④ 织物表面平整、结构稳定、厚实、保暖性好。

4. 双反面组织（Purl Stitch）

图 1–33　双反面组织

（1）双反面组织的定义：由正面线圈横列和反面线圈横列相互交替配置而成，主要用于生产毛衫类产品。双反面组织的线圈圈柱由前至后，再由后至前，使织物的两面都是圈弧突出在前，圈柱凹陷在里。最后织物正、反两面，看上去都像纬平针组织的反面，所以称为双反面组织（图 1–33）。

（2）双反面组织的特性：

①顺、逆编织方向均可脱散；

②圈柱从前到后，纵向延伸性大，使纵、横向延伸性相近；

③纵向密度增大，厚度增加；

④织物有凹凸感，通过线圈的不同配置可得到凹凸花纹；

⑤卷边性随正、反面线圈横列的组合不同而不同。

二、纬编花式组织及特征

1. 提花组织（Float Stitch）

（1）提花组织的定义：它是将纱线垫放在按花纹要求所选择的某些织针上编织成圈，而未垫放纱线的织针不成圈、纱线呈浮线、处于这些不参加编织的织针后面而形成的一种花色组织。其结构单元为线圈 + 浮线（图 1–34）。

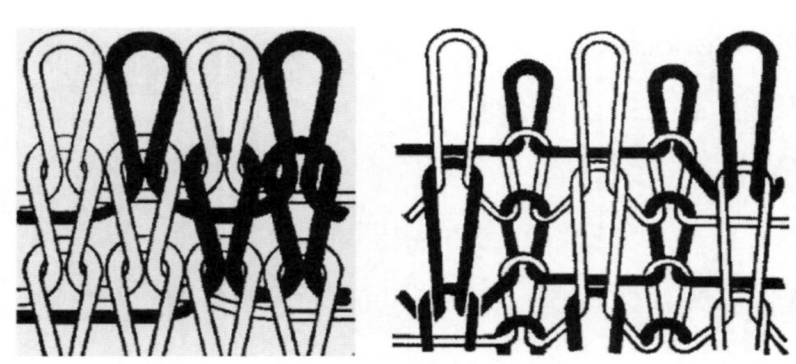

图 1-34　提花组织

（2）提花组织的特性：

①由于浮线的存在，织物延伸性小；

②脱散性小，织物厚，平方米克重大。

2. 集圈组织（Tuck Stitch）

（1）集圈组织的定义：它是一种在针织物的某些线圈上，除套有一个封闭的旧线圈外，还有一个或几个悬弧的花色组织。其结构单元为线圈 + 悬弧（图 1-35）。

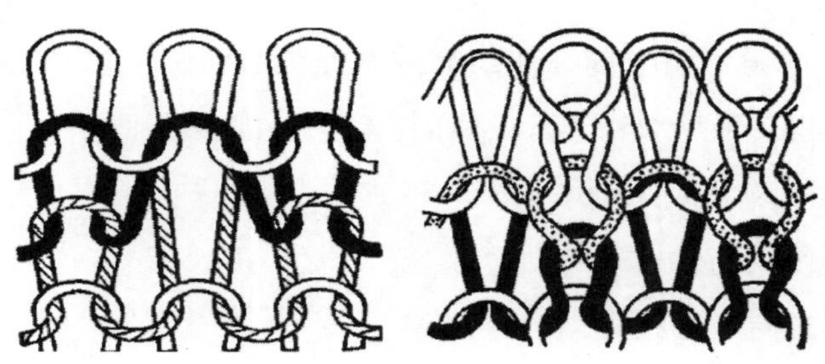

图 1-35　集圈组织

（2）集圈组织的特性：

①利用集圈形成较多的花色效应（如色彩效应、网眼、凹凸、闪色效应等）；

②脱散性较平针组织小（防脱散横列）；

③耐磨性比平针、罗纹组织差，而且容易抽丝；

④厚度较平针、罗纹组织的大；

⑤横向延伸性较平针、罗纹组织的差；

⑥断裂强力比平针、罗纹组织的差（线圈受力不均）。

3. 添纱组织（Plating Stitch）

（1）添纱组织的定义：它是指织物上的全部线圈或部分线圈由两根纱线形成的一种组织（图 1-36）。添纱的目的主要有：织物正反面具有不同的色泽与性能，如丝盖棉；使织物正面形成花纹；采用不同捻向的纱线编织时，可消除针织物线圈歪斜，还可增加织物的耐磨性。

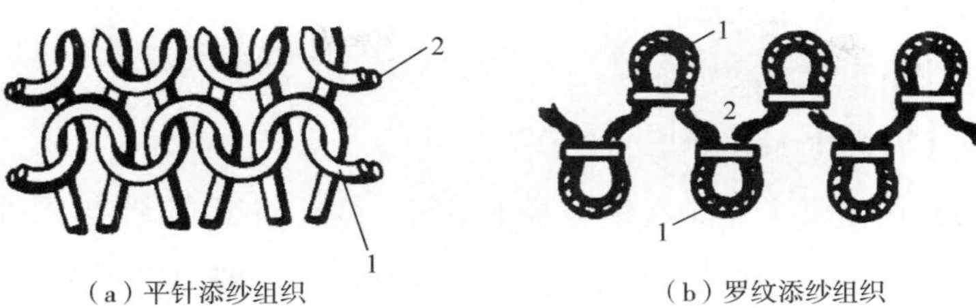

（a）平针添纱组织　　（b）罗纹添纱组织

图 1–36　添纱组织

1：地纱　2：面纱

（2）添纱组织的特性：

①添纱组织的线圈几何特性基本上与地组织相同；

②部分添纱组织延伸性和脱散性较地组织小，容易引起钩丝。

4. 衬垫组织（Fleecy Stitch）

（1）衬垫组织的定义：它是以一根或几根衬垫纱线按一定的比例在织物的某些线圈上形成不封闭的悬弧，在其余的线圈上呈浮线停留在织物反面的一种花色组织（图 1–37）。其结构单元为线圈、悬弧与浮线。主要有平针衬垫组织、添纱衬垫组织。

平针衬垫组织以平针为地组织。图 1–37 中 1（空心线组成的部分）为地纱，平针组织编织而成；2 为衬垫纱（实心线组成的部分），它按一定的比例编织成不封闭的圈弧悬挂在地组织上。

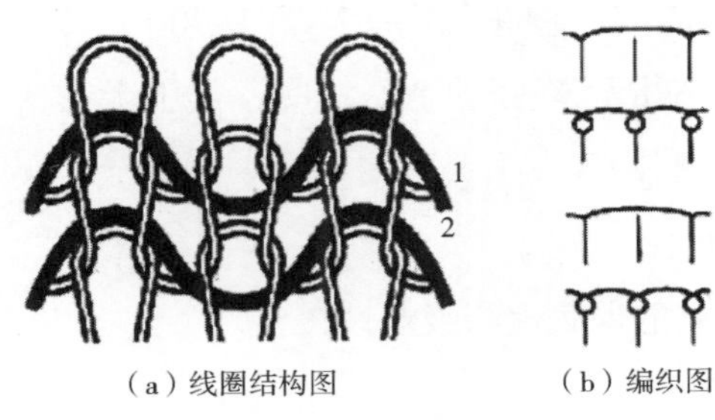

（a）线圈结构图　　（b）编织图

图 1–37　平针衬垫组织

1：地纱　2：衬垫纱

添纱衬垫组织（图 1–38）是由面纱和地纱编织平针组织而成，并将衬垫纱夹在面纱和地纱之间。这样衬垫纱不显示在织物的正面，从而改善了织物的外观。

（2）衬垫组织的特性：

①织物表面平整，保暖性好；

②横向延伸性小，织物尺寸稳定。

5. 衬纬组织（Weft Insertion Stitch）

（1）衬纬组织的定义：它是在纬编基本组织、变化组织或花色组织的基础上，沿纬向衬入一根不成圈的辅助纱线而形成的（图 1-39），一般为双面结构。

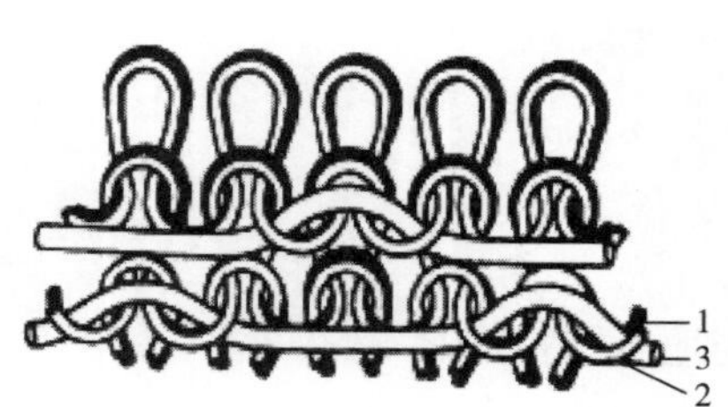

图 1-38 添纱衬垫组织

1：地纱 2：面纱 3：衬垫纱

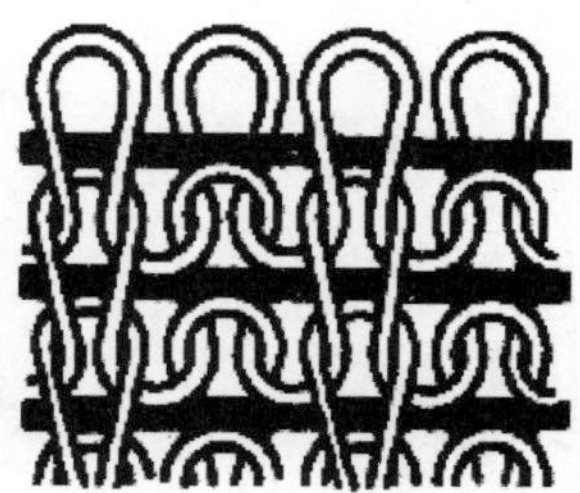

图 1-39 衬纬组织

（2）衬纬组织的特性：

①衬纬组织的特性取决于地组织及纬纱的性质；

②织物结构紧密，尺寸稳定，延伸性小，保暖性好；

③采用弹性纱线的纬纱，裁剪时容易回缩。

6. 毛圈组织（Plush Stitch）

（1）毛圈组织的定义：它是由平针线圈和带有拉长沉降弧的毛圈线圈组合而成的一种花色组织（图 1-40）。其结构单元为毛圈线圈 + 拉长沉降弧的毛圈线圈，常用于毛巾、睡衣、浴衣以及休闲服等。

图 1-40 毛圈组织

（2）毛圈组织的特性：

①毛圈组织具有良好的保暖性与吸湿性；

②产品厚实，柔软。

7. 纱罗组织（Loop Transfer Stitch）

（1）纱罗组织的定义：它是在纬编基本组织的基础上，按照花纹要求将某些针上的针编弧进行转移，即从某一纵行转移到另一纵行（图 1-41）。有单面纱罗组织和双面纱罗组织。

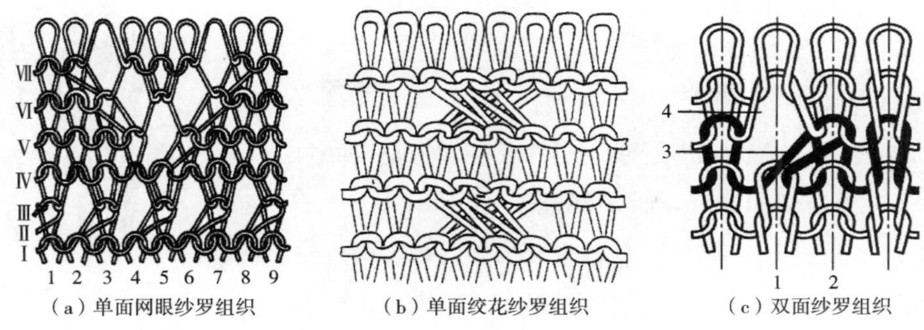

（a）单面网眼纱罗组织　（b）单面绞花纱罗组织　（c）双面纱罗组织

图 1-41　纱罗组织

（2）纱罗组织的特性：

①纱罗组织可以形成孔眼、凹凸、纵行扭曲等效应；

②产品透气性好；

③移圈处的线圈圈干倾斜，两线圈合并处针编弧重叠；

④纱罗组织的移圈原理可用来编织成形针织物；

⑤可改变组织结构（单面改为双面或双面改为单面）。

8. 波纹组织（Racked Stitch）

（1）波纹组织的定义：它是由倾斜线圈形成波纹状的双面纬编组织（图 1-42），有罗纹波纹组织和集圈波纹组织。罗纹波纹组织是在编织 1+1 罗纹时，每一横列交替地将一只针床相对于另一针床向左或向右移一个针距，形成具有曲折效应的线圈纵行。集圈波纹组织是以畦编组织为基础组织，在织物正面形成曲折花纹，反面为直的纵条纹。

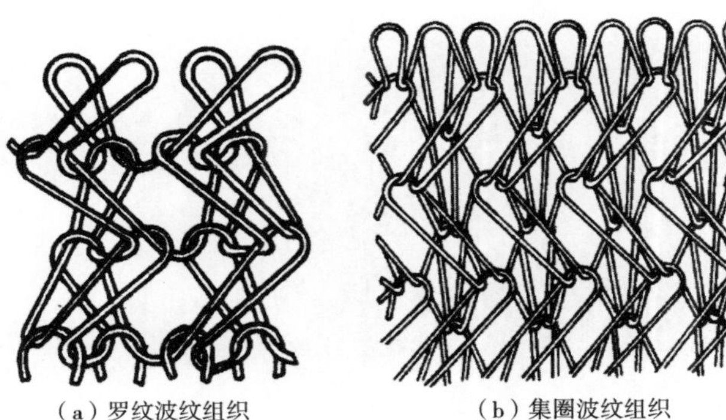
（a）罗纹波纹组织　（b）集圈波纹组织

图 1-42　波纹组织

（2）波纹组织的特性：

①可以形成纵行扭曲波纹效应；

②透气性好；

③前、后针床相对移动，前、后床线圈圈干交错倾斜。

9. 长毛绒组织（Long-pile Fabric）

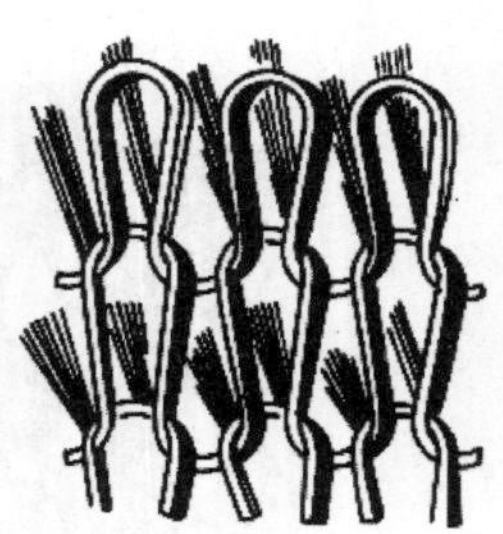

图 1-43 长毛绒组织

（1）长毛绒组织的定义：它是指在编织过程中将纤维束与地纱一起喂入而编织成圈，同时纤维以绒毛状附在针织物表面的组织，又称为人造毛皮（图 1-43）。分为普通长毛绒和提花或结构花型的长毛绒，常用于服装、玩具、拖鞋、装饰品等。

（2）长毛绒组织的特性：

①纤维留在织物表面的长度不一，可以做成毛绒和毛干两层；

②手感柔软，比天然毛皮轻；

③保暖性和耐磨性好，不易被虫蛀。

Part2 第二部分

设计应用篇

课程名称：设计应用篇

课程内容：针织服装设计的基础
针织服装的廓型与细部设计
针织服装系列设计
电脑辅助针织服装设计

课程时间：16 课时

教学目的：理解针织服装与机织服装设计的异同点，掌握如何在设计中突出针织服装的特色；理解针织服装设计中针织物组织结构与色彩的具体运用、廓型与细部设计的手法、系列服装设计的表现形式；尤其掌握流行电脑绘画软件在针织服装设计中的应用。

教学要求：运用所学的基本理论和针织服装的设计技巧，了解知名国际针织服装设计大师作品，分析不同织物组织、廓型结构与色彩搭配在体现设计师的理念中所扮演的重要角色。通过一定数量的实践练习，将针织物组织的不同表现手法创新地应用于针织服装设计中。

第二章　针织服装设计的基础

第一节　针织服装的设计思维

设计是为了某种目的，制定计划，确立解决问题的构思和概念，并用可视的、触觉的媒体表现出来的艺术创作活动。设计思维就是构想和计划一个方案的分析、判断和推理过程。这个“过程”有着明确的意图、目的和趋向，与平时头脑中所想的事物是有区别的。人们平时所想往往不具有形象性，即使具有形象性，也常常是被动的复现事物的表象。设计思维的意向性和形象性是把表象重新组织、安排，构成新的形象的创造活动，故而，设计思维又称之为形象思维和创造思维。

设计思维的运用时常需要伴随灵感的闪现和来自以往经验的判断，才能完成思维的全过程。思维是因人而异的、不可相互替代的，每个人的思维与他的经历、兴趣、知识、修养、社会观念，甚至天赋息息相关。任何一件服装的设计都是多种因素的综合反映，因而就出现了差异，设计方案也就出现了好坏优劣之分。

一、发散思维设计

发散思维，又称开放思维，是从多种角度进行多维思考、设想出多种方案的一种思维方法，是活跃设计、展开思路、寻求最佳方案的思维过程。这一思维多用在服装设计的初级阶段。

以已经明确或被限定的因素和条件作为思维发射的中心点，据此展开想象，整个思维方式构成发射状。以针织服装领部的发散思维为例，可以头脑风暴，设想任何你能想到的针织领型，如连领、叠领、西装领、燕子领、卷边领、围巾领、鸡心领、樽领等（图 2–1）。

图 2-1　从针织领部展开的发散思维

各种领型在款式、结构的细节上又可以进一步发散，如挖领、翻领、褶领、添领、不对称领等（图 2-2）。

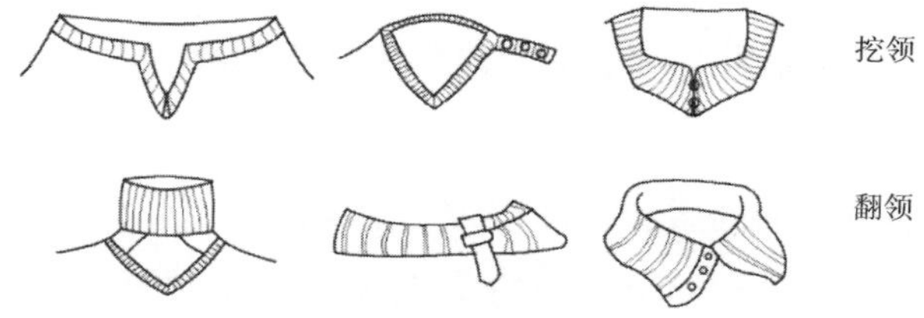

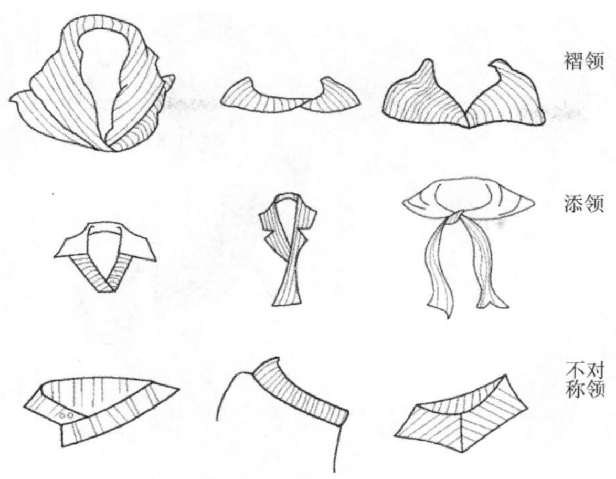

图 2-2　从不同领型展开的发散思维

二、收敛思维设计

收敛思维，也称聚敛思维、集合思维、求同思维，就是一种方案深入地想，是设计深化、充实、完善的过程，也是针对问题探求一个正确答案的思维方式。

收敛思维是创新思维的一种形式，与发散思维不同，发散思维是为了解决某个问题，从这一问题出发，想的办法、途径越多越好，总是追求还有没有更多的办法。而收敛思维也是为了解决某一问题，但是是在众多的现象、线索、信息中，向着问题的一个方向思考，根据已有的经验、知识或发散思维中针对问题的最佳办法去得出最好的结论和最好的解决办法。它的特点是以某个思考对象为中心，尽可能运用已有的经验和知识，将各种信息重新进行组织，从不同的方面和角度，将思维集中指向这个中心点，从而达到解决问题的目的。如果说发散思维是由“一到多”的话，那么，收敛思维则是由“多到一”。

具体到服装设计中，当有明确的创作意向之后，将以什么样的形式出现，即采用什么组织结构、运用什么形态组合、利用什么色彩搭配，以及应用什么面辅料以达到最优设计效果（图 2-3）。

图 2–3 以藏族风格为主题的收敛思维设计

设计主题是藏族风格，所以整个系列的色调选择藏蓝色，面料结构上选择针织罗纹和大的绞花组织，配以毛边装饰，体现游牧民族粗犷、奔放的特性，包括用水袖的设计、头部的配饰来整体强调藏民族风格

三、多维性思维设计

多维性思维即立体性思维，是从正向、反向、纵向、横向和侧向等不同方向，多触角探索纷繁复杂的世界，汲取源于生活的设计灵感，并表达生活体验和感受的一种思维方式。

多维性思维设计可以从民族和民间服饰、他人的经验（服装图片、时装表演、日常衣着等）、大自然的恩赐（如蝴蝶领、蝙蝠袖、燕尾服、鸭舌帽等）、姐妹艺术的感应（绘画、音乐、建筑、影视等）、文化发展或科技革命等收集灵感来源（图 2–4、图 2–5）。

图 2–4　绞花组织和编结工艺的灵感来源——辫子

图 2–5　廓型设计的灵感来源——茅草屋顶

针织服装的廓型设计来源于茅草屋顶，细节上的层层叠叠也来源于屋顶上的茅草层叠设计

第二节　针织服装的造型要素

针织服装造型设计的基本构成要素是点、线、面、体。针织服装通过点、线、面、体的基本形式进行分割、组合、排列，从而产生不同的服装造型。

一、点的应用

点在画面中具有强调作用。一定数目、大小不同的点，按一定的秩序排列，可产生节奏、韵律感。点会随其色彩、明度、环境条件等的变化而产生远近大小变化的视错现象（图 2–6）。

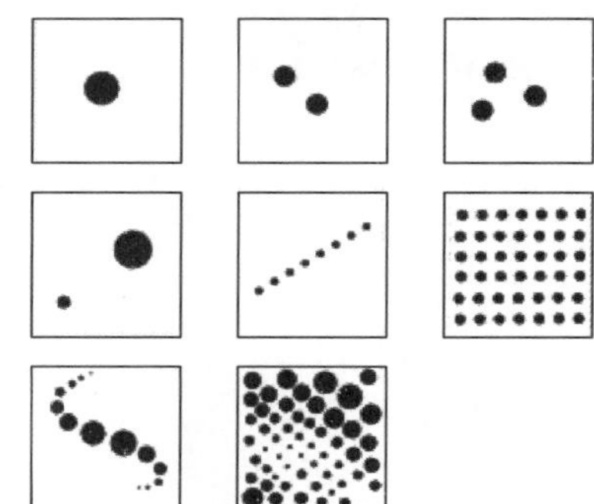

图 2–6　点产生的节奏感和视错现象

针织服装造型中的点既有大小，又有形状，指服装上显著而集中的小面积，比如起装饰作用的纽扣、蝴蝶结；小而集中的图案；织物上的圆点纹样等（图 2–7）。

图 2–7　点的运用——单点或相同的点

不同颜色、不同大小的点按一定规律排列会形成一定的节奏韵律（图 2-8）。

图 2-8 点的运用——不同颜色、大小的点形成节奏韵律

二、线的应用

线不仅有长度的变化，还有宽度、面积、厚度、形状、色彩、质感的变化。主要有直线、曲线、折线、虚线四种，体现在轮廓线、边沿线、结构线和装饰线上。

不同线的运用也能产生视错感，比如，因角度不同产生的错视感，垂直线较水平线更显长；线条的繁简疏密也能增强节奏感和韵律感。

直线给人率直、单纯、稳定、刚毅的感觉，有水平线、斜线和垂直线三种。水平线给人开阔、舒展、沉着、平静的感觉；斜线给人轻快、流动、视觉显长、轻盈、纵深的感觉；竖直线给人苗条、挺拔、严肃、冷静的感觉（图 2-9）。

曲线给人圆润、婉转、流动、柔软、优雅的感觉（图 2-10）。而折线与直线、曲线相比，代表中性，给人一种不安定感（图 2-11）。

虚线由点或很短的线串联而成，具有柔和、温和、疏松、虚幻的感觉（图 2-12）。

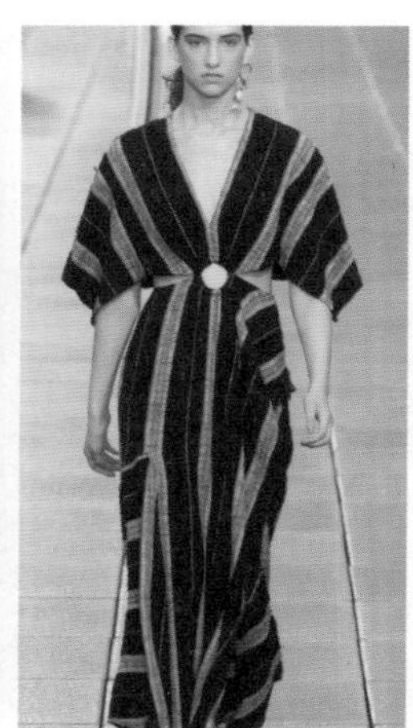

图 2–9　不同直线的应用

图 2–10　曲线的应用

图 2–11　折线的运用

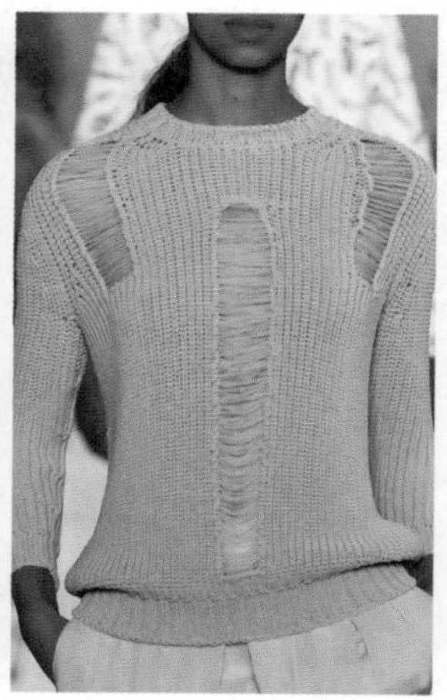

图 2–12　不同虚线的应用

三、面的应用

面是最强烈的造型元素，是服装的主体。服装的轮廓线、结构线、分割线对面料的不同切割所形成的形状都是面。面有方形面、圆形面、三角形面及自由形面等。方形面给人简洁、安定、规则、尊严、大度的感觉；圆形面较柔和，给人美满、圆润感；三角形面给人强烈、鲜明的感官印象；自由形面给人柔和、优雅、个性的感觉（图 2–13）。

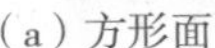

（a）方形面

（b）圆形面

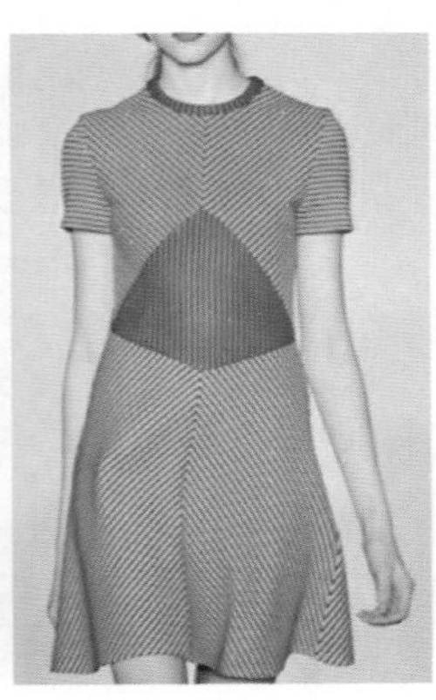

（c）三角形面

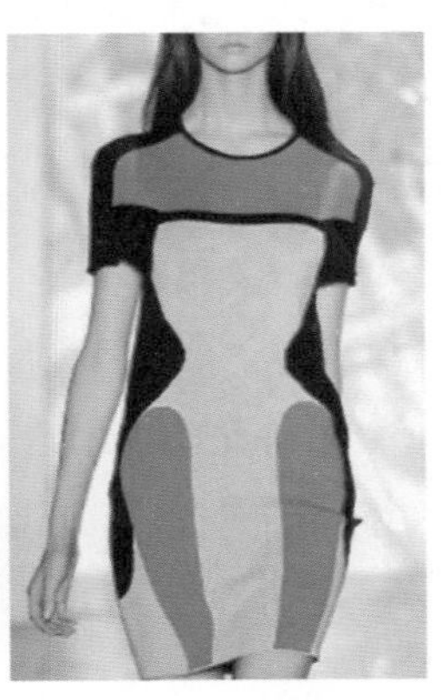

（d）自由形面

图 2–13　不同面的应用

四、体的应用

体是面的移动轨迹和面的重叠，是有一定长度和深度的三维空间。点、线、面是构成体的基本要素。突出体结构造型的服装会显得更有空间感和分量感。

针织服装设计表现体积感时，可通过大廓型、面料叠加或缠绕等方式形成体量效果，也可通过粗线编织或增加有厚度的造型来增加体感（图 2--14）。

图 2–14　体量感的应用

第三节 针织服装设计的形式法则

针织服装设计的形式法则是针织服装造型美的规律。总体来说，是变化与统一的协调，变化中服装构成要素之间的协调，具体来说就是对称、韵律、比例等形式法则的协调运用。

一、对称

对称是指服装左右两侧无论是款式、细节还是色彩、搭配都完全相同，带给人端庄、安详、平稳的感觉，比较适于正规、严肃、大方的服装款式（图 2–15）。

图 2–15 对称

二、均衡

均衡是指服装左右两侧虽然款式、细节或色彩、搭配不同，但整体上仍达到了一种等量平衡。这种平衡富于变化，具有动态感，比较适合新颖、活泼、另类的服装款式（图 2–16）。

图 2–16 均衡

三、比例

比例有两种基本形式："被分割的比例"和"被分配的比例"。前者是指用分割线对形体进行划分而产生的服装造型；后者需要处理整体与局部的比例关系问题，主要涉及服饰细节的设置、大小、布局等。

图 2–17 中的（a）采用腰带形成整体服装的黄金分割比；（b）利用腰带形成对半分割比，而在局部条纹色彩上采用黄金分割比；（c）展现了比例的综合运用。

（a）黄金分割比

（b）对半分割比

（c）比例多处运用

图 2-17　比例

四、节奏

也称为“韵律”，本是音乐专用语，指音乐中节拍轻重缓急的变化和重复。在服装上表现为形与形、色与色、形与色之间过渡产生的运动感，给人以空间旋律的感觉。在针织服装中，纽扣的排列、波形的褶皱、装饰、图案、组织等造型设计技巧的重复都会体现重复变化的节奏。如色彩交替重复、层层叠叠的荷叶边及渐变均可形成韵律（图 2-18）。

图 2-18　节奏

五、强调

指采用在色彩、质料、款式、细节等元素上“悬殊对比”的形式，夸张或突出服装的重点部位，从而起到“画龙点睛”的作用（图 2–19）。没有运用强调的服装设计，往往缺乏生气，显得过于单调；而强调的东西太多，则显得杂乱无章，令人生厌。一套针织服装一般应把握一个或两个强调部位。

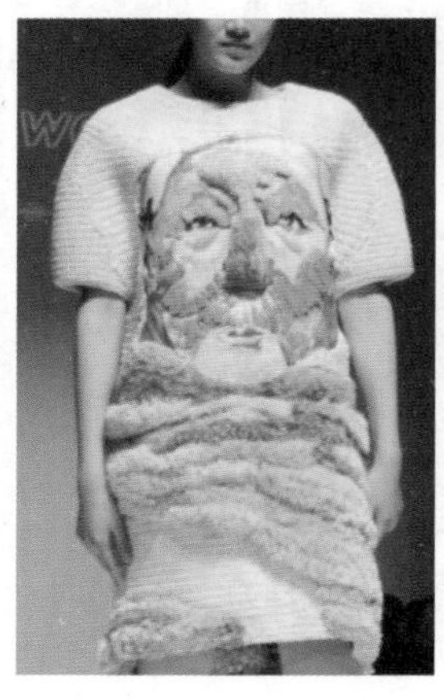

（a）胸前脸谱图案的运用

（b）黄底黑点的运用

图 2–19　强调

六、调和

也称协调或和谐，是指对服装各要素之间如外形、色彩、材料、结构、线条、工艺等的协调，使各要素之间相互联系、彼此呼应、相互补充，形成具有一定秩序的协调美效果（图 2–20）。

（a）对比色的协调运用

b）民族元素图案、色彩协调运用

图 2–20　调和

第三章　针织服装的廓型与细部设计

第一节　针织服装的廓型设计

廓型是针织服装设计的基础，它不仅决定着服装的总体风格，同时也预示着一种新的流行趋势。针织服装廓型与人体结构的外形特点关系紧密，因此决定针织服装廓型变化的主要部位是支撑衣服的肩、三围（胸围、腰围、臀围）和下摆。这些因素的变化能形成风格各异的廓型效果。针织服装基本轮廓造型可概括为H型、A型 、T型、O型、X型等，再在此基础上进行衍生变化。

一、H 廓 型

H廓型的特点是从肩端直线垂下，无明显曲线。具有轻松、随和、舒适自由的感觉（图3–1）。

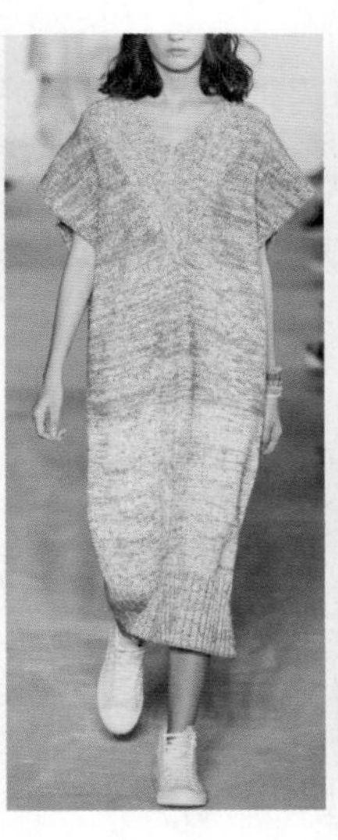

图3–1　H廓型

二、A 廓型

A 廓型源于传统斗篷造型，特点是上紧下松。具有自由潇洒、活泼、流动的感觉（图 3–2）。

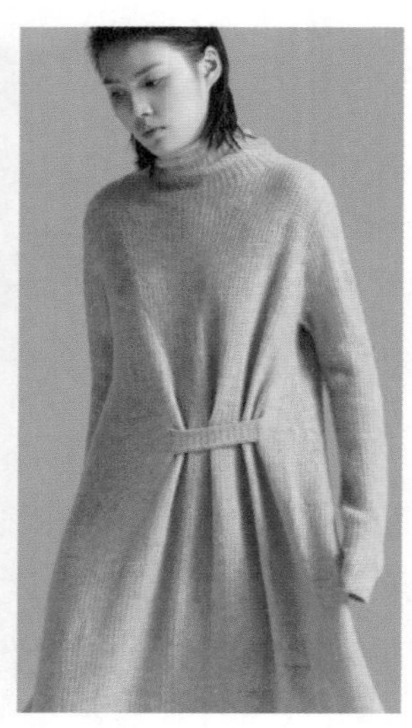

图 3–2　A 廓型

三、X 廓型

X 廓型的特点是两端大、中间窄，强调腰身的曲线，是典型的女性化造型。具有柔和、优美、女人味的特征（图 3–3）。

图 3–3　X 廓型

四、T 廓型

T 廓型源于传统的男装造型，特点是上宽下窄，强调肩部设计，下摆收拢。具有严峻、伟岸的特点（图 3–4）。

图 3–4 T 廓型

五、O 廓型

O 廓型的特点是中间宽松、两头缩口，多采用罗纹组织作收紧处理，是传统的针织装造型。具有休闲、舒适、随意的特点（图 3–5）。

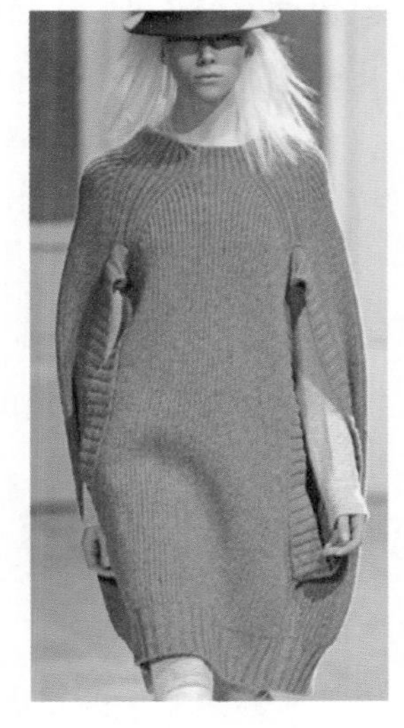

图 3–5 O 廓型

六、创新与变化廓型

另外还有一些创新和变化廓型，如图 3–6 所示，可以是整体 A 廓型，局部 X 廓型；或者整体 O 廓型，局部 X 廓型。

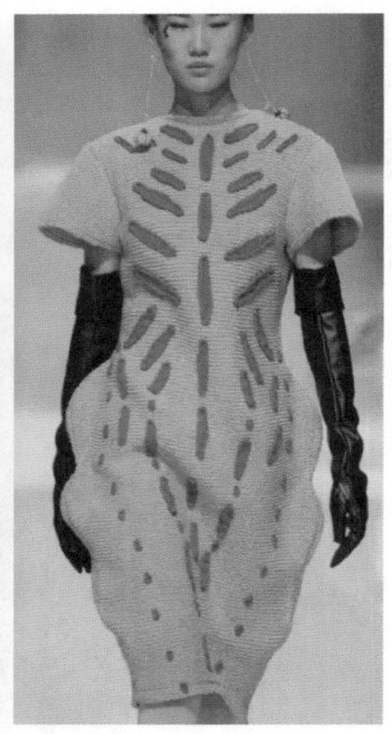

图 3–6　创新与变化廓型

第二节　针织服装的细部设计

任何一个整体，均是由多个细部组成，细部依附于整体而存在，整体和细部又有各自的独立性。针织服装的细部结构是指与整体服装相配置和相关联的组成部分，主要包括衣领、袖、门襟、下摆、口袋、配饰等。这些细部的变化组成了针织服装的变化，也影响着服装整体风格的变化。各细部进行设计时，不仅要求有良好的服用功能或装饰功能，还要符合设计的基本原则，与整体造型有机地结合，达到协调统一。

一、针织服装衣领设计

衣领是服装至关重要的一个构成细节，既有功能性，又有装饰性。针织服装的衣领设计主要包括领线和领型两部分。有的只有领线，有的只有领型，有的会将两者结合来达到丰富多样的设计效果。

1. 领线

领线是衣领的基础，既可以与领座、领身等配合构成衣领，也可以单独成为领型。

根据领线形状的不同，主要可分为一字领、圆领、V 领、U 领、心形领、方领、梯形领、无领等，在此基础上还可进行千变万化的演绎而形成多种领线形状，并可通过花边、蕾丝、滚边等辅助装饰来进行设计。

（1）一字领：通常是圆领宽的 2 倍，圆领深的 1/3，领线成微弧线形状，穿着时呈现出近似“一”字形的外观。一字领可根据开口的深度与宽度、领口组织结构、领口配饰等因素再进行款式的变化（图 3–7）。

图 3–7　一字领

（2）圆领：是女装中比较常见的一种领线，前领口采用近似半圆形。领深和领宽可进行大小变化，小圆领显得精致可爱；大圆领显得典雅大方（图 3–8）。

图 3–8　圆领

（3）V 领：是将两条斜线对接成“V”形。V 领给人理智、严肃、干练、庄重的感觉。领深、领宽及领边装饰上可以进行再变化以达到不同的设计效果（图 3–9）。

图 3–9　V 领

（4）U 领：介于圆领与方领之间，形似字母“U”。可根据领线宽窄、领线前中心点下沉的深度及弧线弯度来进行变化。U 领线条柔和，尤其是大 U 领，极具古典美韵味（图 3–10）。

图 3–10　U 领

（5）其他领线：针织服装除了常见的一字领、圆领、V 领、U 领等，在此基础上，还可以衍变出各种各样、不同形状的领线造型（图 3–11~ 图 3–13）。

图 3–11　不对称领

图 3–12　单肩领

图 3–13　系带领

2. 领型

同机织服装相比，由于针织服装弹性和拉伸性较好，因此领型的结构相对简单。根据领型式样的不同，主要可分为立领、翻领、西服领、披肩领、风帽领等，并在此基础上进行变化。

（1）立领：是将领子竖立在领圈上的一种领型。针织服装立领的形状变化可根据领线的横开宽度、领线深度与立领高度以及组织结构等因素来进行设计（图 3–14）。

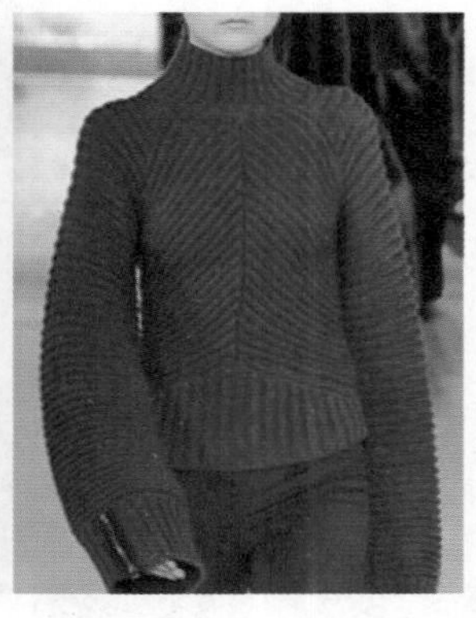

图 3–14　立领

（2）翻领：是将领面向外翻折的一种领型，即穿着后前领部与驳头连成一片，自然向外翻的领子。针织服装翻领的形状变化可通过领面的宽窄、领尖的形状、领口的装饰以及组织结构等因素来进行款式的变化（图 3–15）。

图 3–15　翻领

（3）西服领：也称为驳领，是西式机织服装的传统领型，主要有八字领、青果领、戗驳领等。针织服装的西服领造型可根据驳领长短、驳领宽窄、驳领形状、领口的深度、领面的宽度、组织结构等因素再进行款式的变化（图 3–16）。

图 3–16　西服领

（4）披肩领：是在立领、翻领等领型的基础上进行变化设计，将披肩的元素和领的结构相结合，形成的一种别具一格的领子造型。披肩领的造型可根据领口的形状、领面的宽度、组织结构等因素的变化进行款式的变化（图 3–17）。

图 3–17　披肩领

（5）连帽领：是针织休闲装的一种常见样式，将帽子和领子相融合，多用于春秋及冬季服装中，有防风、保暖与装饰的作用。连帽领的设计可根据帽子的造型、组织结构、色彩变化及领线位置等因素再进行款式的变化（图 3–18）。

（6）其他领型：针织服装的领型设计除了常见的立领、翻领、西服领、披肩领、连帽领以外，还可以在此基础上衍变成各种不同形状的领子造型（图 3–19~图 3–21）。

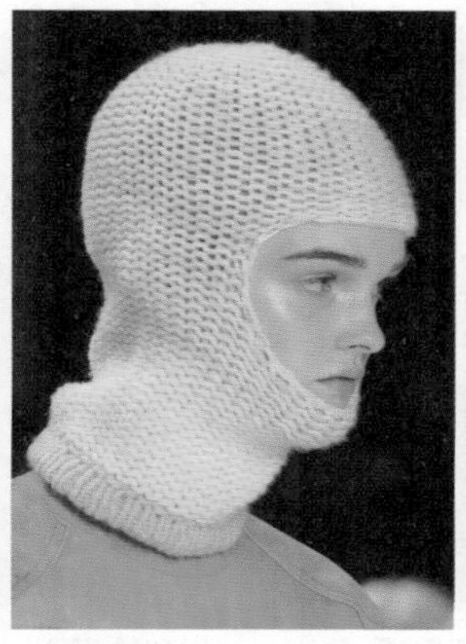

图 3–18　连帽领

图 3–19　悬荡领

图 3–20　组合领

图 3–21　荷叶领

二、针织服装衣袖设计

服装袖的造型千变万化，样式繁多。袖型根据结构来划分，主要可以分为装袖、插肩袖和连身袖，以此为基础还可以衍生出千变万化的样式。只要掌握袖的造型原理，便可举一反三，进行多种款式的设计和创新。

1. 装袖

装袖是以人体肩、臂的结构为基础进行造型，包括袖窿和袖山两部分（图 3–22）。针织服装由于弹性较好，多采用一片袖的装袖。可设计的构成要素主要包括袖窿形状、袖山高低、袖口宽窄、袖形的长短和肥瘦、袖身装饰等。装袖形态繁

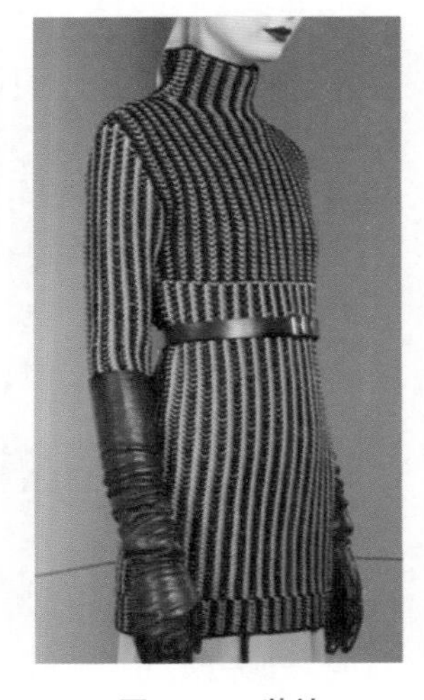

图 3–22　装袖

多，有平装袖、圆装袖、主教袖、羊腿袖、泡泡袖、披肩袖、垂褶袖、灯笼袖、花瓣袖等。

2. 插肩袖

插肩袖是指衣身的肩部与袖子连成一个整体的一种袖型（图 3–23）。可设计的构成要素有袖窿下位置与形状、袖子长短、袖型的肥瘦、袖口的装饰及组织变化等。插肩袖在结构上有全插肩、半插肩两种；工艺上有全插肩袖、前插肩后装袖、后插肩前装袖三种。

图 3–23　插肩袖

3. 连身袖

连身袖又称中式袖、和服袖等，指袖子和衣身相连，无须装袖，袖身和肩线呈 180°（图 3–24），曾经流行的蝙蝠袖就是这种。可设计的构成要素有袖子外形、长短与肥瘦、袖口与袖身的装饰及组织变化等。

图 3–24　连身袖

4. 无袖

无袖又称肩袖（图 3–25），具有造型活泼多变、穿着轻松自然和浪漫洒脱的特点。可充分显示肩部和手臂的美感，如吊带衫、背心等都是常见的无袖造型。

图 3–25　肩袖

三、针织服装门襟设计

门襟是针织服装布局的重要分割线，也是服装细部造型的重要部位。它与领、纽扣、搭襻、拉链等相互衬托，协调地表现针织服装的整体美。针织服装的底边统称为下摆，它直接影响到服装整体廓型的变化。

门襟设计主要体现在针织开衫的搭门处，可装纽扣、拉链起装饰作用。开口方式上分为通开襟和半开襟；造型上分为对称式和不对称式；组织结构上常采用满针罗纹或 2+2 罗纹，也可用双反面、畦编、波纹、钩花、提花、绣花等手法。此外，门襟还有改变领口和领型的功能，由于开口方式不同，使领线产生不同的风格变化。因此，针织服装门襟的造型必须按服装的款式、组织结构、服用要求等进行合理设计，既考虑功能性，又考虑美观性，以达到穿脱方便、布局合理、美观舒适的效果。

1. 不同装饰效果的门襟

针织服装的门襟一般通过装纽扣、装拉链，或配以其他材质来达到不同的装饰效果（图 3–26）。

图 3–26　不同装饰效果的门襟

2. 偏门襟

偏门襟又称为不对称式门襟，其门襟线离开中心线而偏向一侧，形成不对称的效果，常具有活泼、生动的均衡美（图 3–27）。

图 3–27 偏门襟

3. 变化门襟

针织服装的门襟设计除了常见的各种装饰门襟和偏门襟外，还有各种变化门襟，以达到创意的设计效果（图 3–28）。

图 3–28 变化门襟

四、针织服装下摆设计

针织服装的下摆是服装造型的重要分割线，在节奏中常常表达一种间歇或停顿。下摆的变化会影响服装的整体造型，常见的有紧身型、A 型、H 型、O 型四大类。形成下摆的方法主要有直边、折边和包边三种。直边式下摆是直接编织而成，常采用各种罗纹组织和双层平针组织；折边式下摆是将底边外的织物折叠成双层或三层，然后缝合而成；包边式下摆是将底边用另外的织物进行包边而成。

1. A 型下摆

A 型下摆主要在廓型上形成上紧下松的效果。具有自由潇洒、活泼、流动的感觉（图 3–29）。

2. O 型下摆

O 型下摆的特点是下摆缩口，常采用罗纹组织收紧，是传统的针织服装造型（图 3–30）。

3. H 型下摆

H 型下摆的特点是从腰线到下摆处无明显曲线，直线而下。具有轻松、随和、舒适自由的感觉（图 3–31）。

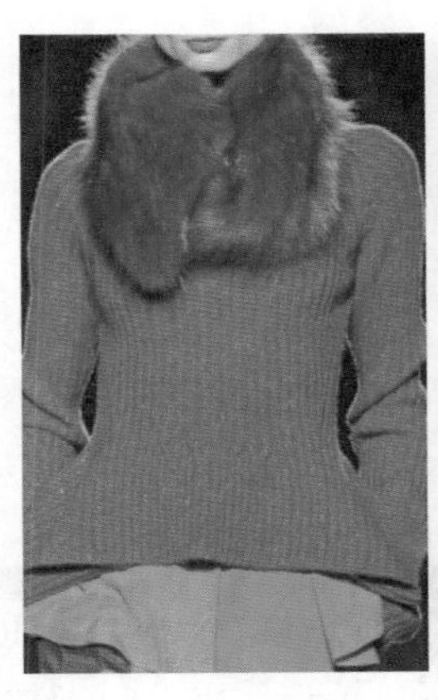

图 3–29　A 型下摆

图 3–30　O 型下摆

图 3–31　H 型下摆

4. 开衩下摆

针织服装下摆根据开衩位置不同又分为前开衩、后开衩和侧开衩几种，以达到不同设计效果（图 3–32）。

图 3-32　开衩下摆

5. 装饰下摆

针织服装下摆除了通过组织结构的变化达到设计或功能上的效果外，还可以通过加流苏、编结、面料堆砌等方法达到与整体设计相协调一致的装饰效果（图 3-33~图 3-35）。

图 3-33　流苏下摆

图 3-34　编结下摆

图 3-35　毛边下摆

五、针织服装口袋设计

在服装设计中，口袋作为服装构成的重要部件，不仅具有实用功能，而且能起到装饰的效果。时至今日，口袋的设计已经远远超越装放小件物品以及护手保暖的实用价值。口袋的样式多种多样，甚至以口袋作为主要亮点的设计也成为流行的重要元素而风行一时。针织服装口袋的种类根据工艺结构主要可分为贴袋、挖袋和插袋，再以此为基础进行变化。

（1）贴袋：是将口袋的形状直接缝合在衣服表面。贴袋的设计可进行外形的变化、色彩的搭配，或添加组织图案、刺绣等细节的装饰（图 3–36）。

（2）插袋：在衣缝之中留出适当空隙并配上里袋而成。由于口袋隐藏在里面而不破坏服装的整体性。有的插袋会加袋盖或用镶边、嵌线、花边等来装饰。同贴袋比，造型更趋于简洁，具有内敛、含羞的特点。一般为直线型，特点是实用性强（图 3–37）。

（3）挖袋：是在衣身面料上剪出袋口形状或通过收针法留出袋口，里面再缝合口袋里料而成。挖袋的结构和工艺相对复杂，由于针织物线圈的易脱散性，挖袋相对运用得较少（图 3–38）。

图 3–36　贴袋

图 3–37　插袋

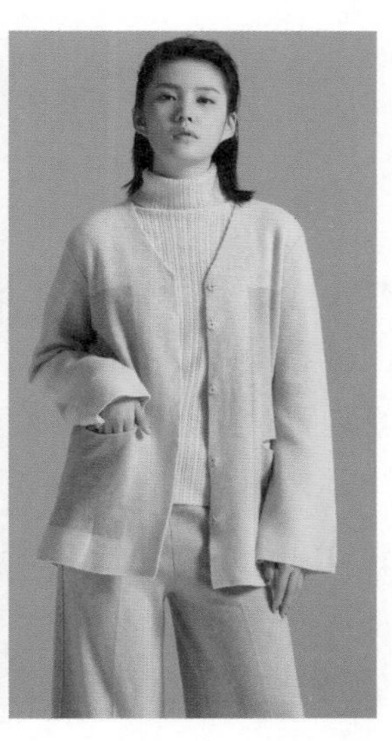

图 3–38　挖袋

第四章 针织服装系列设计

在人类追求多元化生活的今天，系列服装设计不仅可以满足消费者的求异需求，也可以满足不同层次的消费需要。设计师在不同的主题设计中，从款式、色彩到面料系统地进行系列产品设计，可以充分展示系列服装的多层内涵，表达品牌的主题形象、产品风格和设计理念。另外，以整体系列形式出现的服装，从强调重复细节、循环变化中可以产生强烈的视觉冲击力，提升视觉感染效果，使得产品以一种完美和谐的形态出现在消费者面前。同时，通过系列要素的组合，可使服装传递一种文化理念，为服装品牌提高广告效应。

第一节 服装系列设计的概念与条件

一、系列服装设计的概念

系列设计是指在设计过程中，用相同或相似元素去完成成套设计的方法。它不仅具有丰富性和多样性，而且给人以秩序感和和谐美，有较强的表现优势。服装系列设计是建立在款式、色彩、材料三大基础之上。其中任何一方面相同而另外两方面不同都能使服装产生协调统一感，进而形成不同的设计系列。因此服装设计中，具有相同或相似的元素，又有一定的秩序和内部关联的设计便可形成系列。也就是说系列服装设计的基本要求就是同一系列设计元素的组合具有关联性和秩序性。

二、系列服装的设计条件

服装设计要遵循 5W 原则，即 Who（什么人穿、哪一类人穿）、When（什么时候穿）、Where（什么地方穿）、What（穿什么）、Why（为什么穿），系列服装设计也不例外。除此之外，系列服装还要注重设计的主题定位、风格定位、品类定位、品质定位和技术定位。

1. 主题定位

服装设计的主题是服装的主要思想和内容，是服装精神内涵的体现。设计者通过设计元素对主题的表达和把握与欣赏者进行沟通与交流，使欣赏者读出其中的神韵，并产生共鸣。针织服装的设计主题可以是抽象的某种风格、观念、文化，如环保主题、人文主题、历史文化主题；也可以是某个具体事物，如动植物、地球、互联网等。以当前流行的“休闲”主题（图 4–1）为例，系列设计服装整体线条简约大方、面料柔软舒适、色彩亲切柔和。

图 4–1　以休闲为主题

2. 风格定位

设计元素得以提炼后将以什么样的面貌出现，取决于主题设计的风格，这也是设计成败的关键。针织服装设计创意构思的首要一步就是进行风格定位，如传统经典风格、高贵优雅风格、繁复华丽风格、简洁清纯风格、文静持重风格、活泼开朗风格、都市休闲风格、时尚前卫风格、运动风格、乡村风格、民族风格等。风格定位是系列服装设计的关键，应使主题鲜明，创意独特灵活，既要结合流行趋势有超前意识，又要在品位格调和细节变化上与众不同，如近几年流行的波西米亚风格（图 4–2）与建筑风格（图 4–3）。

图 4–2 波西米亚风格

图 4–3 建筑风格

3. 品类定位

针织系列服装在确定了设计主题和风格定位后，就要对产品进行定位以及对配搭产品的品种、系列产品的色调、装饰手段、纱线和织物组织等进行选择，其原则是烘托主题、强调风格、力求完美。如图 4–4 中的设计风格定位为藏族风格后，整个系列的色调选择藏蓝色，面料结构上选择针织罗纹和大的绞花组织，配以毛边装饰，体现游牧民族粗犷、奔放的特性，包括通过水袖的设计、头部的配饰来整体强调藏民族风格。

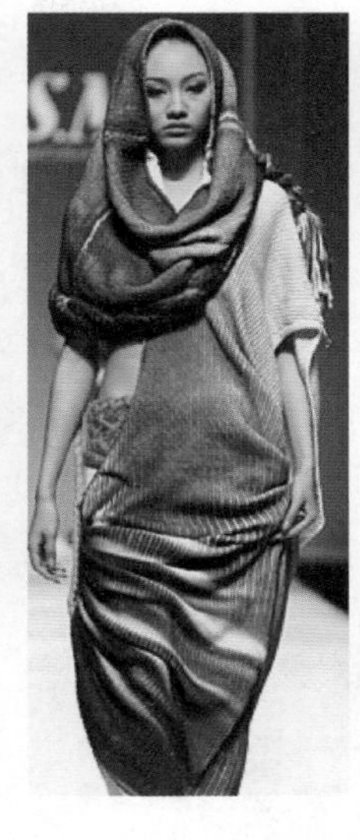

图 4–4　民族风格

4. 品质定位和技术定位

在系列服装的主题、风格、品类定位后，就要对系列服装的品质期望做一个综合分析，以确定所选用面料的档次和价位（高档、中档、低档）。针织品牌成衣系列服装的品质定位以提高品质与降低成本为主。系列服装设计要考虑技术要求和现有条件的可行性，尽量选择工艺简单、容易出效果的加工制作技术。如创意系列设计要在能实现的技术范围内发挥创造性；实用系列设计应简化工序，降低生产成本，提高市场竞争力。

第二节　针织服装系列设计的表现形式

针织服装系列设计多是在单品设计的基础上，巧妙地运用设计元素，从造型、色彩、材料、装饰工艺等角度依赖美的形式法则，创意构思系列产品。单品设计强调个体或单套美，系列设计则重视整个系列多套服装的层次感和统一美，简单来说就是要充分挖掘围绕某一主题的设计元素，并进行合理组合与搭配，通过款式特征、纱线风格、面料肌理、织物组织、色彩配置、图案运用、装饰细节等方面体现奢华、优雅、刺激、端庄、明快、自然等设计情调。针织服装系列设计的表现形式主要有以下几种。

一、造型统一

服装的造型是指服装的内外层次和长短的表现形式。针织服装系列造型设计应朝着由片面强调外轮廓线，向内外分割的一体化转变；由强调单一的整体造型，向整体与局部造型相结合的设计方向发展，呈现出服装外轮廓造型的多元化状态。也就是说，将服装主体造型与局部的细节设计相融合，在形式美法则的作用下产生造型各异的系列化服装。在具体设计中，当服装外廓型相近时，可以在局部造型上进行变化，而当局部细节设计相近时，也可以在服装外廓型上进行整体处理。图 4–5 是以外部廓型一致为基础形成的系列设计，图 4–6 是以内部造型统一为原则形成的系列。

图 4–5 外部廓型一致系列

图 4–6 内部造型统一系列

二、色彩近似

色彩近似所形成的系列形式是指将一组相同或相似的色彩搭配作为服装的统一元素，通过色彩的渐变、重复、调和等法则进行色彩的搭配，并用色彩的纯度、明度、冷暖关系进行调和与变化。其形式有如下四种：

（1）通过单一色相实现统一的色相系列。如系列服装中的每一款都有相同明度和纯度的红色，即红色系列；

（2）通过色彩明度实现统一的系列或系列服装中的主色调通过明度变化支配着整个系列，如亮黄色系列、黑蓝色系列；

（3）通过色彩纯度和含灰度色彩支配的系列，如蓝紫系列；

（4）通过无色彩的黑、白、灰形成的系列（图 4–7~ 图 4–9）。

图 4–7　通过色彩渐变形成的系列

图 4–8　通过无色彩的白色形成的系列

图 4–9　通过高纯度色彩搭配形成的系列

三、面料一致

面料是服装的物质载体，缺少面料的任何优秀设计思想都是“空中楼阁”。通过不同质感、不同肌理的搭配，可以表现出不同的设计风格。

（1）相同色彩的面料搭配：这是一种最容易搭配的方式，它可以表现一种高雅和纯洁。在搭配中可充分利用不同肌理和组织结构的面料，以轻柔到厚重、细腻到粗犷，将面料的特质表现得淋漓尽致；

（2）面料风格异同的搭配：同种面料在色彩和图案上下功夫，避免系列化中的重复和单调。不同组织结构面料的搭配是在针织系列产品中较为广泛的一种搭配方式，不同部位的搭配也可使系列化针织服装丰富多彩；

（3）面料的二次设计：为突出设计的独到，可在面料上进行再造，如抽针、编结、拼贴、珠缀、刺绣等。

这些在系列装设计中的运用与图案有异曲同工之妙，加上款式的变化和色彩的表现，可以使面料系列产生较强的视觉冲击力（图 4–10、图 4–11）。

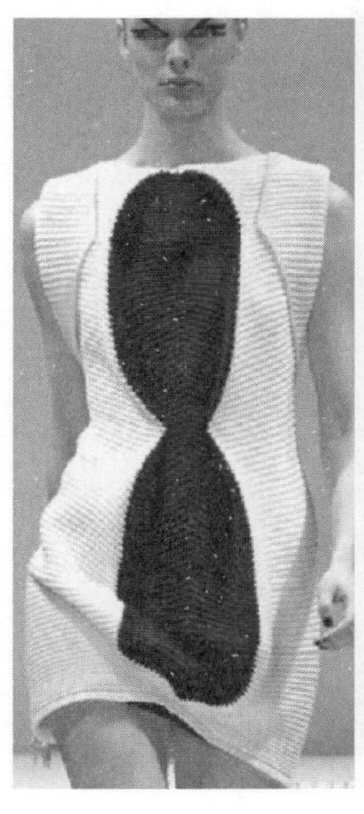
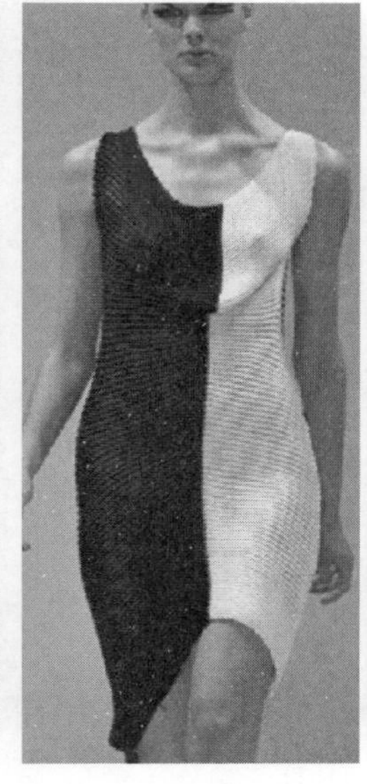

图 4–10　同种面料通过黑、白、灰的不同组合形成的系列

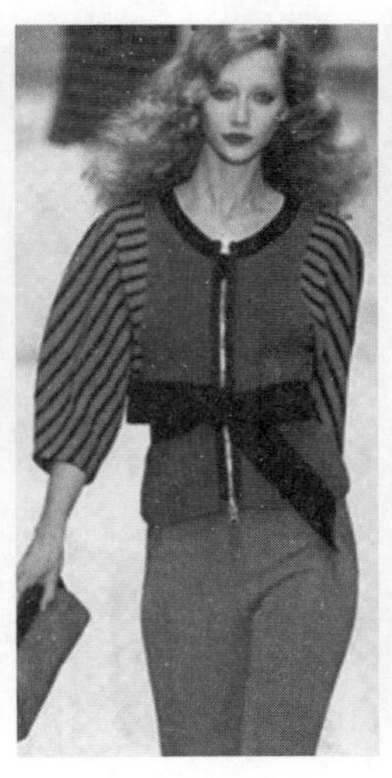

图 4–11　同种面料通过不同色彩条纹的搭配形成的系列

四、工艺相同

工艺相同是指把同一特色工艺作为系列服装的关联要素，如镶边、嵌线、饰边、绣花、打褶、挖空、编结、缉明线、装饰线、印染图案等，并将其在多套服装中不同的部位反复运用，从而产生的系列（图 4–12、图 4–13）。

图 4-12　运用相同装饰线点缀形成的系列

图 4-13　运用相同挖空工艺形成的系列

五、细节关联

细节设计形成的系列是指把服装中的某些细节造型元素作为系列元素，使之成为整个服装系列的关联要素，通过这种或这群元素的相同、相近、大小、比例、颜色和位置的变化，使整个系列产生丰富的层次感和统一感。

在针织服装设计中，细节的变化最为烦琐多样。设计中可以尽情地选择风格统一的要素进行重组、循环、衍生等变化，使之产生系列化的效果。如局部细节款式、图案、工艺、部件、镶拼等，都可以作为系列化设计的要素（图 4-14、图 4-15）。

图 4-14　相同镂空细节通过位置及大小的变化形成的系列

图 4-15　相同图案及抽褶细节通过造型变化形成的系列

六、配饰协调

配饰和细节有所不同，它不属于服装的构成部分，是服装的装饰、搭配、组成部分，它比细节设计更加灵活。配饰的不同组合可以产生不同风格，拓展系列化设计的思维。配饰可以通过自身的美感与风格突出系列针织服装的风格与效果。通常通过饰品产生系列感的服装，造型较为简洁，配饰较为灵活、生动，具有变化、统一、对比、协调的视觉魅力。如图 4-16 中米索尼（Missoni）2012 年春夏针织女装发布会中模特颈部配以相同的流苏配饰来加强设计的系列感，并突出其波西米亚风格；图 4-17 系列设计中所有鞋子运用了同样的毛边装饰，烘托了整个秀场的协调感和统一感。

图 4–16　颈部运用相同的流苏装饰加强系列感

图 4–17　相同毛边装饰的鞋子突出整场秀的统一感

第五章　电脑辅助针织服装设计

随着计算机技术的发展，电脑正在渗透到服装业的各个环节中，如电脑辅助服装放码、排料、裁剪、制作等技术。电脑辅助服装设计作为一门新兴的边缘科学，也已被广泛应用。电脑服装绘画突破了以往传统的表达方式和表现技法，它更为方便、快捷、生动。图形可以储存、修改、复制，具有随机应变、随时调用的特点。同时，服装面料的质地可以表现得更为逼真，服装款式更为灵活多变，服装颜色的表达也更为丰富多彩。本章主要介绍目前最为流行的两款专业图像和图形处理软件 Phoshop 以及 Illustrator 如何辅助针织服装设计。

Photoshop 是 Adobe 公司开发的专业图像处理软件，以其强大的功能、简单快捷的操作，成为目前最流行、应用最广泛图像处理软件。Photoshop 具有很强的实践性和艺术性，其内容丰富、工具繁多、图片效果丰富多彩，广泛应用于服装设计、平面广告设计、电脑美术设计、网页制作、包装设计及 3D 效果图制作等诸多领域。

Illustrator 也是 Adobe 公司开发的、基于矢量图形的制作软件。其最大特征在于贝塞尔曲线的使用，使得操作简单功能强大的矢量绘图成为可能。同时它还集成文字处理、图形上色等功能，在服装款式图的设计与制作、插画制作、网页及印刷品等的设计制作方面被广泛使用。

第一节　Photoshop 结合 Illustrator 绘制针织服装款式图与效果图

电脑绘制服装效果图时，设计者既可以利用各种画笔工具进行绘制，也可以根据脑海中构思的款式风格从电脑的人体动态库中选择适宜的人体模特，直接描绘服装款式为其着装，不必像手工绘制时从人体的动态开始，笔法、笔的粗细和颜色可以根据需要随时调换，电脑绘图可快速进行着色和面料搭配，在屏幕上预示设计效果。

设计者可尽情地将自己不断涌现的设计意念宣泄在电脑屏幕上，随时把设计过程和各种方案存入电脑，以备调用。电脑会忠实地记录下来这些过程，并能自由地再现创作过程和构思方案，帮助设计者思考，使之逐步完善。用电脑设计能够突破人的构思习惯，启发设计者的想象力，当变换不同的颜色、笔触、表现技法与构图时，经常会出现一些人们意想不到的效果，在不断地设计修改过程中丰富自己的创作经验，激发创作灵感。电脑还能辅助设计者进行创造，快速完成设计过程，如在一个设计方案常常会有多种变化方案的探索，则不必从头开始重复绘制每一个画面，电脑会迅速复制已设计好的方案，只需在原设计的基础上重新配置、组合有关的设计要素，如在时装的款式局部及色彩搭配上进行调整，便完成了新的设计或形成系列时装，大大加快了设计速度。

电脑辅助绘制针织服装效果图时大致可按以下几个步骤进行。

一、服装效果图线描稿的绘制

对于绘图功底较好的同学，可以直接利用 Photoshop 或 Illustrator 中的钢笔工具来绘制服装线描稿；也可以先用图纸手绘好线描稿后扫描，再利用 Photoshop 或 Illustrator 中的钢笔工具来勾勒出线描稿的矢量图。

对于绘图功底较弱的同学，可以借鉴已有的服装效果图，比如 Fashion Box 每年推出很多针织服装效果图的流行预测。这里主要介绍如何利用 Illustrator 中的“图像描摹”在已有的服装效果图的基础上得到去色的线描稿，然后通过适当改变服装的款式、细节等绘制创意服装效果图线描稿。具体操作步骤如下：

（1）在 Illustrator 软件中，新建 A4 大小的打印文档。利用“文件”菜单下的“置入”命令，置入一幅别人绘制好的服装效果图（图 5–1）。

（2）打开“图像描摹”对话框（图 5–2），勾选“预览”复选框，将描摹创建为“描边”，模式为“黑白”，再适当调整“阈值”“路径”“边角”“杂色”等数值。得到合意的描摹效果后，点击工具属性栏上的“扩展”按钮，将描边粗细统一改为 1 个像素。

（3）对描摹效果不太满意的地方用钢笔工具、直接选择工具等添加一些路径封闭需围合的区域，或删减一些不必要的路径。再对描摹好的路径进行创意修改，如将袖子改为灯笼袖、将裤腿上的盘扣去掉等（图 5–3），即得到一张区别于原图的创意服装效果图线描稿。

图 5–1　服装效果图

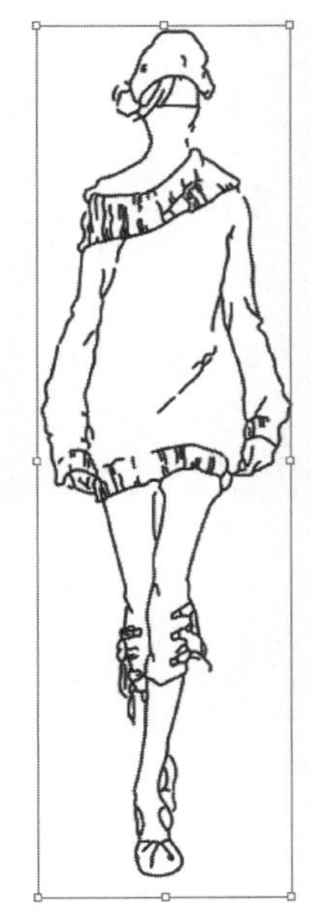

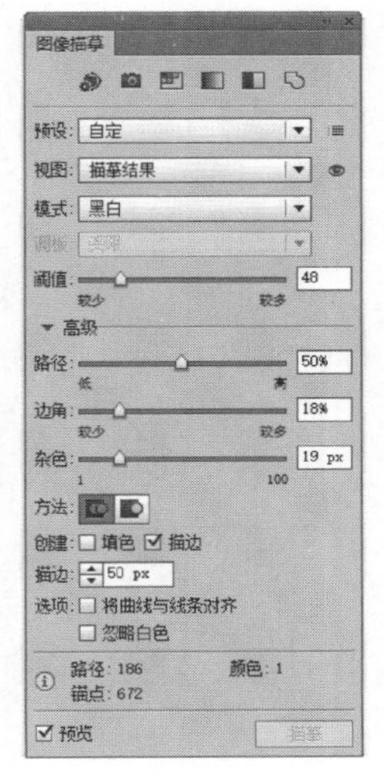

图 5–2　Illustrator 中“图像描摹”设置

图 5–3　创意服装效果图线描稿

二、服装效果图线描稿上色

得到创意服装效果图的线描稿后，再利用 Photoshop 软件改变服装的面料、色彩以及细节、配饰等，绘制出有别于原图的创意服装效果图。具体操作步骤如下：

（1）在 Photoshop 软件中，打开图 5–3 中所示的线描稿。在“通道”调板中选中“蓝”通道，利用“图像”菜单下的“调整 / 色阶”命令，把“输入色阶”的黑色色块向右拖动，可提高图像的对比度（图 5–4）。点击“通道”调板左下角的“将通道作为选区载入”命令，再点击“选择”菜单下的“反向”命令，新建“线描稿”图层，在线描稿图层中给选区填充黑色，即得到背景透明的线描稿图层（图 5–5），并将“线描稿”图层始终置于顶层。

（2）将大身面料（图 5–6）复制到当前图片中，利用“Ctrl+T”改变大小，利用“移动工具”放置在合适位置后再合并图层，并取名“大身面料”图层；然后在线描稿图层选中大身选区，建立“大身”图层，给大身填充任意颜色后，与“大身面料”图层建立剪贴蒙版。

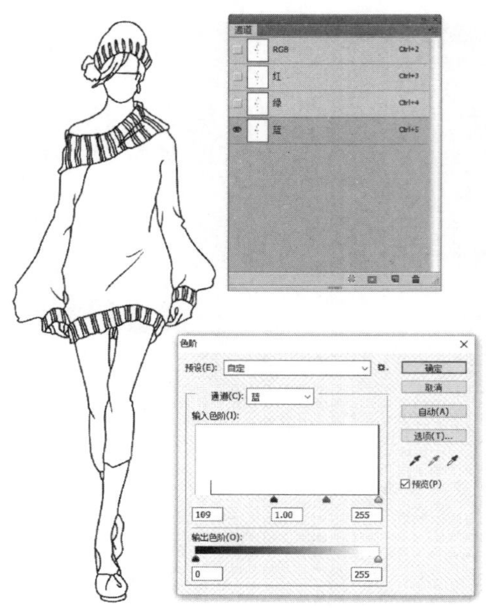

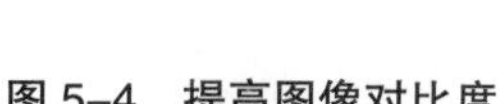

图 5–4　提高图像对比度

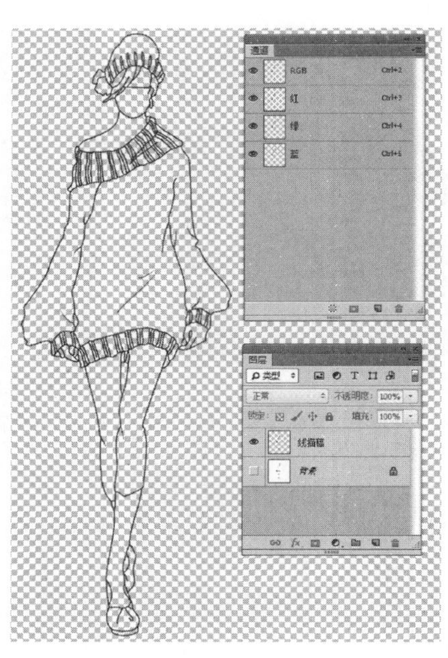

图 5–5　建立背景透明线描稿图层

（3）连续复制 2 个二方连续纹样（图 5–7）到当前图片中，利用“移动工具”放置在合适位置后合并图层，取名“二方连续纹样”图层；用“钢笔工具”勾勒好大身下摆的路径，并在路径调板中转换为选区，建立“大身下摆”图层，给大身下摆填充任意颜色后，与“二方连续纹样”图层建立剪贴蒙版；选中大身下摆选区，在“二方连续纹样”图层中，利用“滤镜”中的“液化”命令，将二方连续纹样做变形，以适合大身下摆的形态。

图 5–6　大身面料

图 5–7　二方连续纹样

（4）在线描稿图层中选中罗纹领、下摆、袖口及帽子选区，建立“罗纹领下摆袖口帽子”图层，并上色，然后利用“滤镜”中的“杂色 / 添加杂色”命令，结合“滤镜”中的“模糊 / 动态模糊”命令给选定区域制作出具有毛感的针织面料效果。

（5）用同样的方法建立“裤子”“皮肤”“头发”“鞋子”图层，并上色；建立各个图层的“色相 / 饱和度”调整层，调整合适颜色；利用“加深”“减淡”等工具对各部位做阴影、高光处理。最终得到自己设计的创意服装效果图（图 5–8）。

Photoshop 与 Illustrator 作为两门操作性和设计性很强的绘图软件，两者结合，灵活使用，对缺乏专业绘图基础的服装设计专业的学生，能帮助他们非常方便快捷地绘制出美观又具有创意的服装效果图。

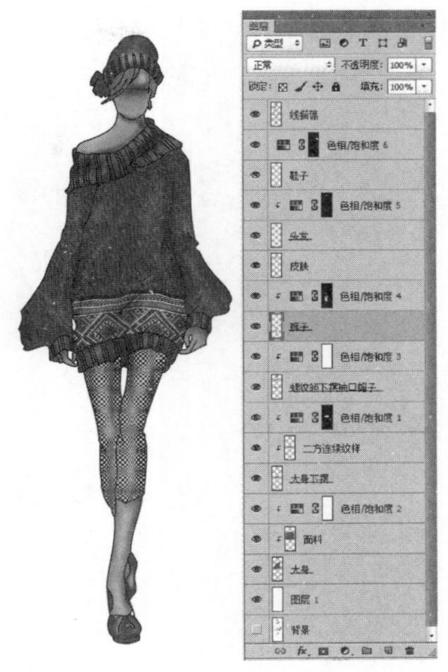

图 5–8　创意服装效果图

第二节　Illustrator 绘制棒针花样编织图与花纹意匠图

早期的针织服装衣片分解图、花型编织图与花纹意匠图主要用专门的针织毛衫类 CAD 软件绘制，这类软件不仅价格贵，而且操作界面不够大众化，初学者不太容易上手。近些年来，随着 Illustrator 的普及，以其友好的界面、强大的功能，大多数服装院校都开设了这门课程。笔者通过多年的电脑绘画教学，对 Illustrator 辅助绘制针织服装衣片分解图、针织服装花型编织图与花纹意匠图等进行了一些尝试，发现 Illustrator 软件绘制这些图形时的可操作性强，比一般的针织毛衫类 CAD 软件具有更好的灵活性和方便性。

一、Illustrator 绘制棒针花样编织图

利用 Illustrator 强大的矢量绘图功能，可以方便地绘制棒针编织符号（图 5–9）。下面以图 5–10 为例，详细讲述如何绘制该棒针小样的棒针花样编织图。

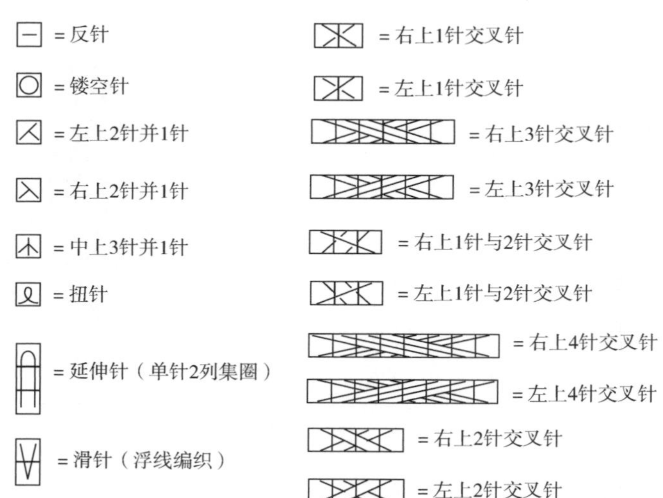

图 5-9　棒针编织符号

图 5-10　棒针小样

（1）在 Illustrator 软件中，新建 A4 大小的打印文档。选择“极坐标网格工具”，在工具属性栏中选择填色为无、描边粗细为 0.5pt；按住“Alt”键，在弹出的“矩形网格工具选项”对话框中选宽度 70mm、高度 40mm、水平分割线数量 7、垂直分割线数量 13，即可建立大小为 5mm × 5mm 的小方格 8 × 14 个。

（2）选择“直线段工具”，绘制描边粗细为 1pt，长度为 3mm 的水平直线段，表示反针组织。将绘制好的直线段放置在左下角的第一个方格中间；选中直线段，按右键选择“变换 > 移动”，弹出“移动”对话框，然后选择水平 0mm、垂直 5mm，点击

"复制"按钮，即可在第二个方格中复制出同样的水平直线段；按"Ctrl+D"键复制多个。

（3）选择"直线段工具"，绘制移圈组织的示意图，用同样的方法进行复制，即可画出图 5-11 所示的花样编织图。

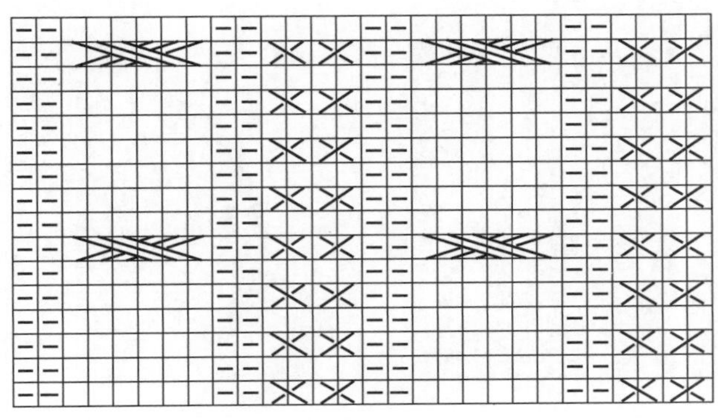

图 5-11　棒针花样编织图

二、Illustrator 绘制棒针花纹意匠图

编织提花组织时，早期都是事先在空白意匠纸上用彩色笔把不同颜色填上去，绘制出想要的图案效果，类似十字绣图案。这种方法在绘制复杂花纹时难度较大，一旦填错颜色，就不好修改。利用 Illustrator 的实时上色工具，可以非常快速地绘制出各种花纹意匠图，即使填错了颜色，也极方便修改。

下面以图 5-12 为例，详细讲述如何绘制该棒针小样的花纹意匠图。

（1）在 Illustrator 软件中，新建 A4 大小的打印文档。选择"极坐标网格工具"，在工具属性栏中选择填色为无、描边粗细为 0.5pt；按住"Alt"键，在弹出的"矩形网格工具选项"对话框中选择宽度 70mm、高度 100mm、水平分割线数量 99、垂直分割线数量 69。

（2）选中建立好的极坐标网格，利用"实时上色工具"，对不同区域的小方块填充上所需的颜色，即可画出图 5-13 所示的花纹意匠图。

Illustrator 作为一门操作性和设计性很强的绘图软件，对针织服装设计专业的学生来说，不仅仅可以用于传统的绘制服装款式图，通过对其工具的熟练掌握和灵活运用，还能非常方便快捷地绘制出针织棒针花样编织图与花纹意匠图。

图 5-12　棒针小样

图 5-13　棒针花纹意匠图

第三节　Illustrator 绘制针织服装编织工艺图

针织服装的编织工艺图，也称为衣片分解图，类似于机织服装的结构图，是编织一件全成形针织服装的重要参考依据，利用 Illustrator 软件能方便地绘制出针织服装的编织工艺图。

下面以绘制图 5-14 所示的针织服装编织工艺图为例进行讲述。

（1）在 Illustrator 软件中，新建 A4 大小的打印文档。选择“钢笔工具”或“直线段工具”，在工具属性栏中选择填色为无、描边粗细为 1pt。在“窗口菜单”中打开“信息”调板，可精确绘制所需长度的直线段；利用“钢笔工具”配合鼠标的拖动，可绘制任意形状的曲线段。

（2）选择需要填色的区域，在“颜色”调板中选择合适的颜色填入；再配合“文字工具”，根据要求输入合适的文字大小及字体，即可绘制出如图 5-14 所示的衣片分解图。

利用 Illustrator 绘制针织服装衣片分解图的好处在于灵活、方便、直观，再加上友好的操作界面，非常方便使用者在针织衣片形状及尺寸发生变化时进行拷贝、修改等操作，大大减少了绘图的工作量。

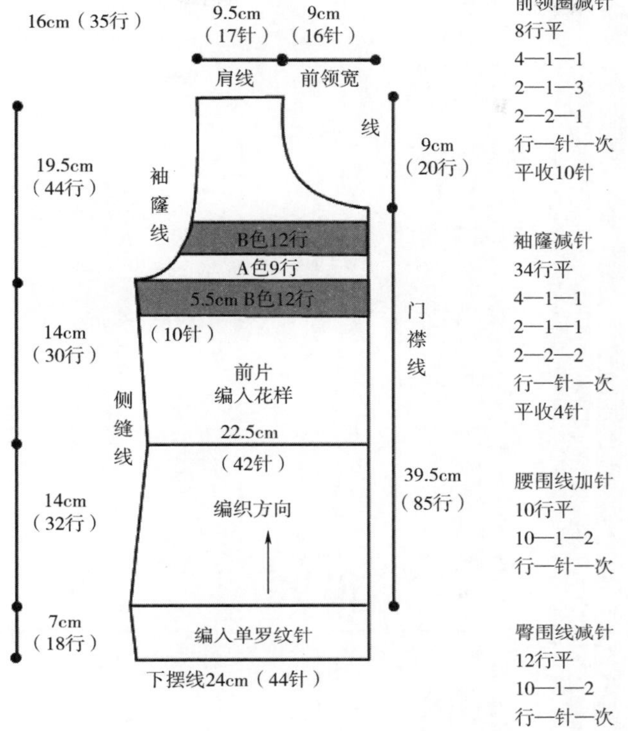

图 5-14　针织服装衣片分解图

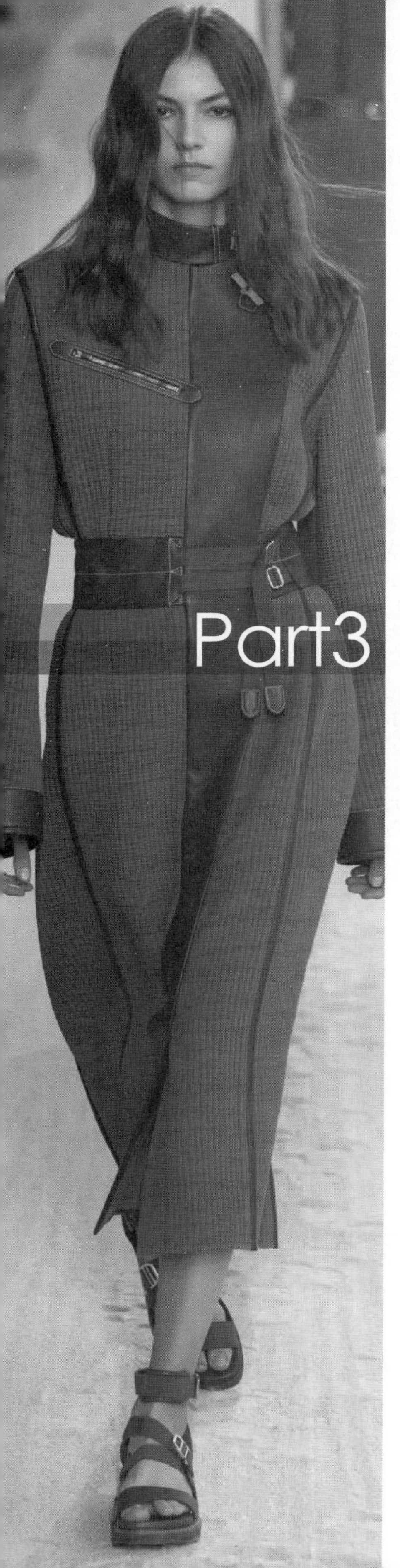

Part3 第三部分

制作工艺篇
——成形类针织服装

课程名称：制作工艺篇——成形类针织服装

课程内容：成形类针织服装编织方法和工艺计算方法
成形类针织服装制作工艺实例

课程时间：16 课时

教学目的：了解成形类针织服装中手工编织与机器编织的基本原理，重点掌握成形类针织服装的编织工艺计算方法，如针数与转数的计算方法、收放针等操作。

教学要求：通过手工编织与上机操作，了解针织物的编织原理，并熟练掌握电脑横机的新工艺，具备设计和实施实验的能力；能紧跟国际针织服装最新动态，设计符合市场需求的针织服装。

第六章　成形类针织服装编织方法和工艺计算方法

成形衣片的缝制是利用成形针织品编织工艺，编织出衣服形态的衣片和衣坯，然后缝合成衣。分全成形和半成形两类，全成形是利用手工或机器编织成衣坯，只需缝合；半成形则还需将织成的衣片作部分裁剪，如开领、挖袖窿等，然后缝合成衣，这类方式通常为毛衣、袜子、手套。

第一节　成形类针织服装的编织方法

针织面料是利用织针将纱线弯曲成线圈并相互串套连接成织物形成，最初是通过手工编织而成，手工编织花型灵活多变，在民间得到广泛流传与发展；工业生产主要通过针织机械进行编织，现代手工编织主要应用于单件或个性化产品的生产，编织各种成形产品。在整个服装设计中，手工编织作为面料改造的主要方法，是个性化服装设计中常用来结构变化或装饰的重要手段，还能帮助初学者由易到难、更好地理解针织编织过程和多变的结构，同时在了解手工编织的基础上，能进一步理解针织机械的编织原理和变化方法的运用。

一、手工编织

手工编织主要分为手工棒针编织和手工钩针编织，指利用棒针或钩针，并结合手工垫纱方式将纱线弯曲成圈，再相互串套形成织物。

1. 手工棒针编织

手工棒针编织是利用两根或四根木、竹、塑料或钢等材料制成的织针（图 6–1）进行编织的方法。

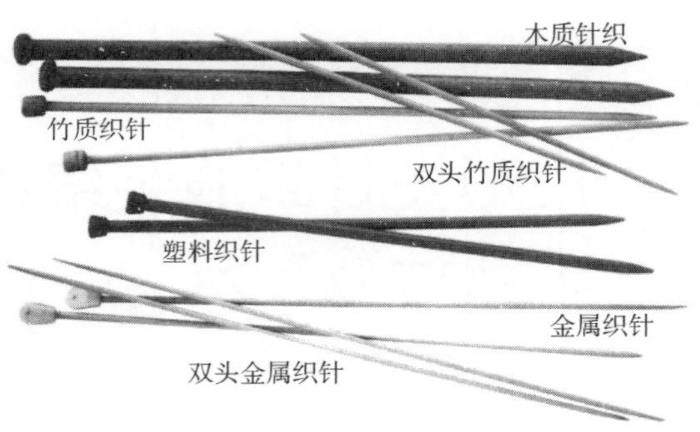

图 6–1　手工棒针

无论是手工编织还是机器编织，首先要编织第一横列，第一横列的编织称为起头。棒针编织起头的方法有很多，有手指绕线起针法、棒针编织起针法、正针起针法、罗纹起针法，具体可以参考棒针编织基础类书籍。下面介绍一种常见也比较简单的正针起针法，这种简单的起针方法需要两根针，在开始时距离纱线末端 15cm 处打个活结，并且将其套在左手握的针上（图 6–2）。这种起针法会编织出较松的边缘，对于不需要硬挺边缘的面料而言是比较理想的。

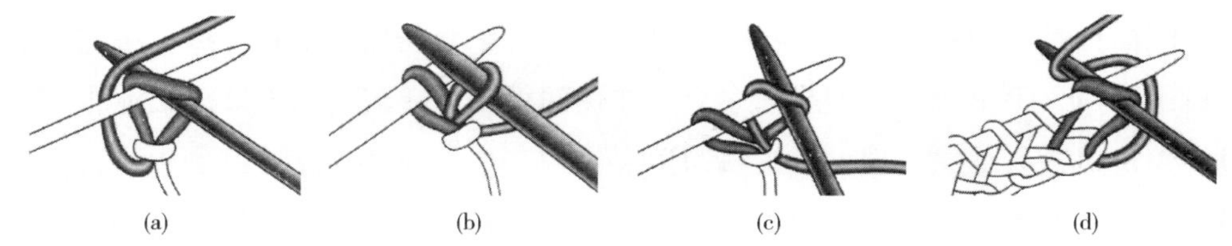

图 6–2　正针起针法

手工编织起针后需要根据织物要求编织不同的针法，表 6–1 主要介绍了一些常见的棒针编织符号及其图解。

表 6–1　手工棒针编织的基本针法与符号图解

名称	符号	编织方法示意图	组织名称
下针	|		纬平针组织正面

续表

名称	符号	编织方法示意图	组织名称
上针	—	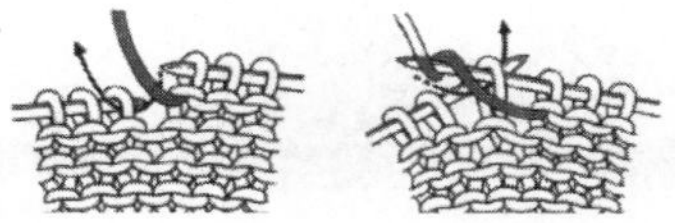	纬平针组织反面
滑针	V	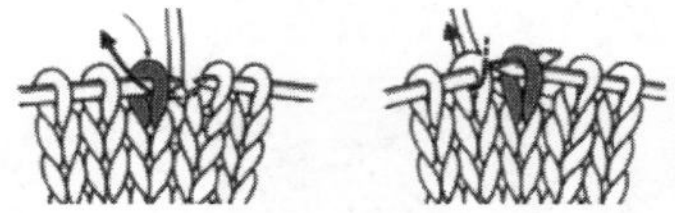	提花组织，浮线处于织物反面
拉针	∩	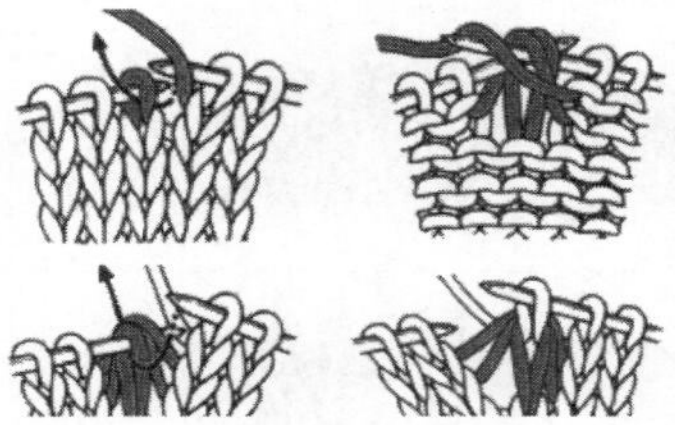	集圈组织，旧线圈以悬弧挂在新线圈上，旧线圈被拉长
拧针	ℓ	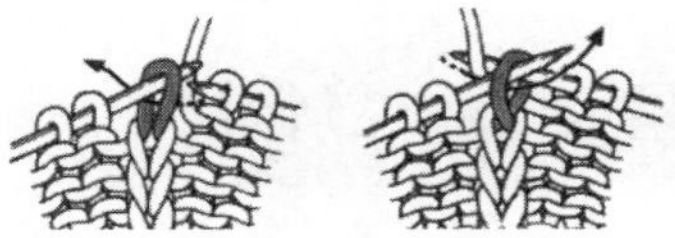	和下针类似，只是插针方向不同，形成线圈交叉的效果，织物更为紧实
右上交叉针	⋋	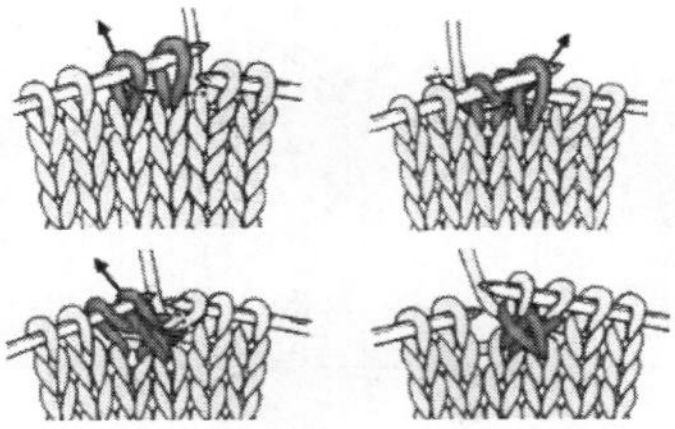	移圈组织，线圈相对位置发生交换，形成右压左绞花组织，也可以多个线圈相互交换
左上交叉针	⋌	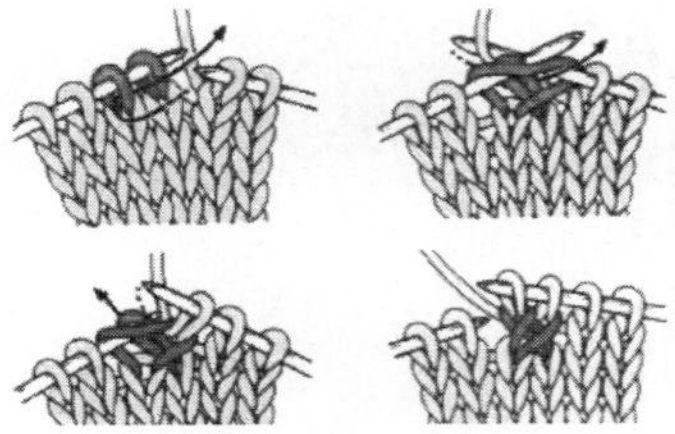	移圈组织，线圈相对位置发生交换，形成左压右绞花组织，也可以多个线圈相互交换
空加针	○	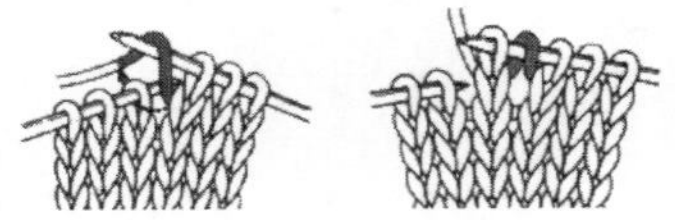	在相应位置加空针，下次编织时形成一个新线圈，可形成网眼或镂空效果

续表

名称	符号	编织方法示意图	组织名称
右加针	⊦	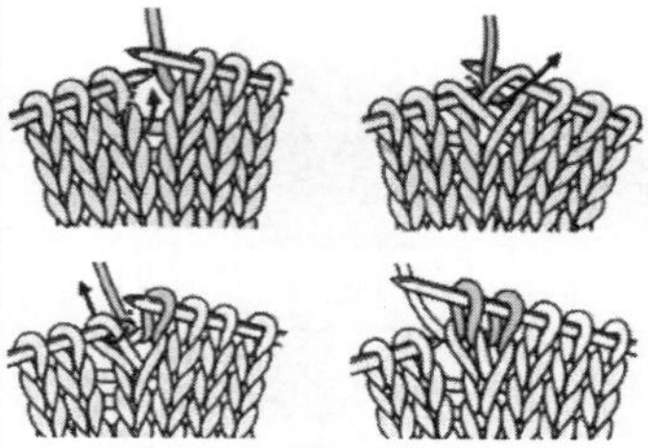	在旧线圈右侧挑出线圈挂到新增加的织针上，这种加针方法不会出现孔洞
左加针	⊣	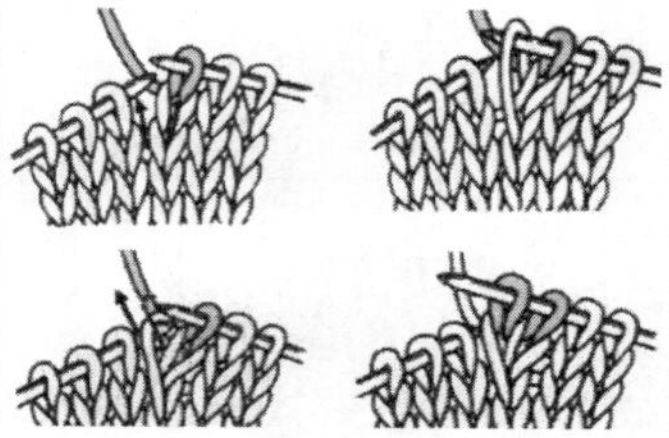	在旧线圈左侧挑出线圈挂到新增加的织针上，这种加针方法不会出现孔洞
三加针	$\bigvee^{3}$	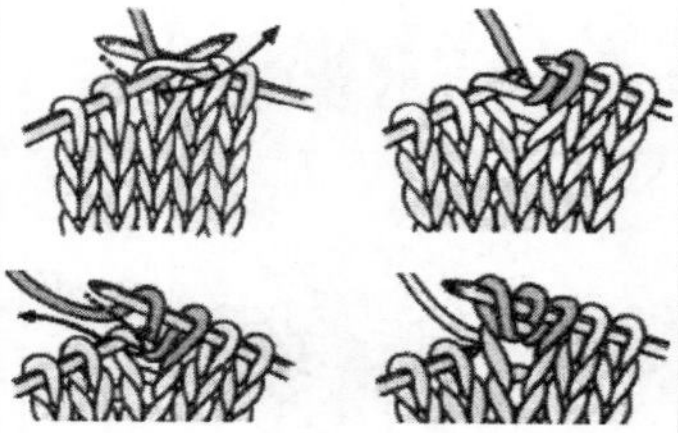	在一个线圈上反复编织三次，使一个线圈变成三个线圈
右上两针并一针	⋋	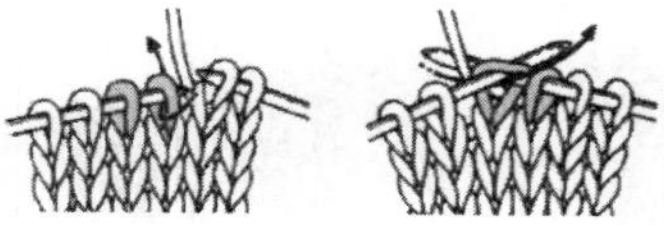	右边针将上面的两针并一针
左上两针并一针	⋌	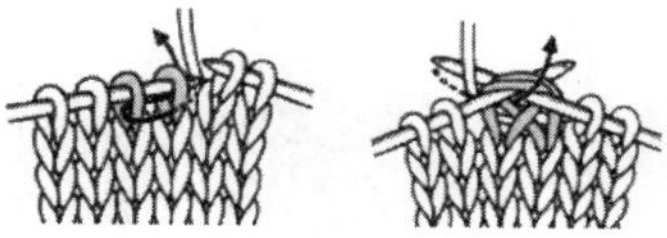	左边针将上面的两针并一针
右上三针并一针	木	 2针并1针	右边针将上面的三针并一针

续表

名称	符号	编织方法示意图	组织名称
中上三针并一针	木		左边针将上面的三针并一针
左上三针并一针	木		中间针将上面的三针并一针

图 6-3 所示是常见的手工棒针编织图解与实物。

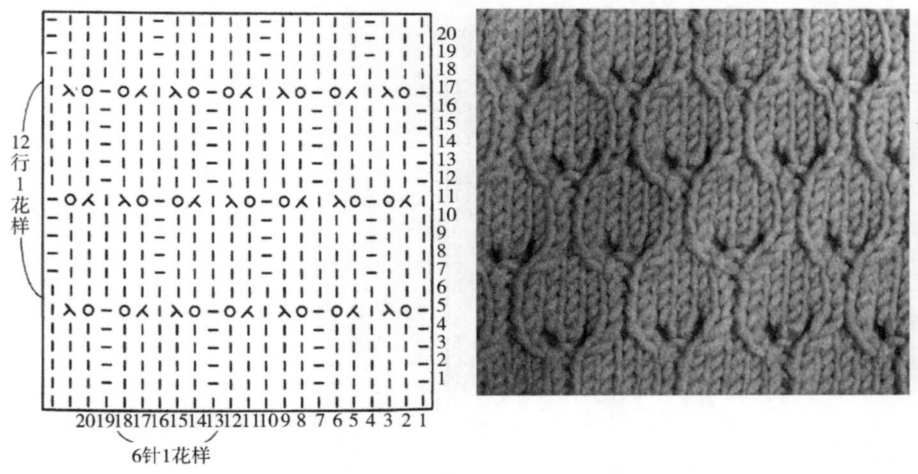

图 6-3 手工棒针编织图解与实物

2. 手工钩针编织

手工钩针的编织特点是针法简单、织物结构紧密，将各种针法适当组合可形成千变万化的花型，主要用于镂空花纹的编织。钩针也可以是木、竹、塑料或钢等材料制成，根据针头的粗细有各种型号，适合不同粗细的钩针线（图 6-4）。

图 6-4　手工钩针

手工钩针的基本针法比较简单，只要掌握主要的几种，便能得心应手，钩出各种花型的成形服装或装饰品。表 6-2 介绍了几种常见的钩针编织符号及其图解。

表 6-2　手工钩针编织符号及其图解

名称	符号	编织方法示意图	介绍
锁针			一般钩针编织品是从锁针开始，它最常出现在钩针图案中
短针			短针也是最常用的钩针针法之一，是一种短而紧密的针法
中长针			中长针下针前要把线在针上绕一圈，比短针稍长
长针			这是另一种最常用的针法之一，相比中长针，长针更长，为织物增加了长度
长长针			长长针是长针的另一种变体，下针前要把线在针上绕两圈，如果下针前把线在针上绕三圈，则形成三卷长针（ ）

图 6-5 所示是常见的手工钩针编织图解与实物。

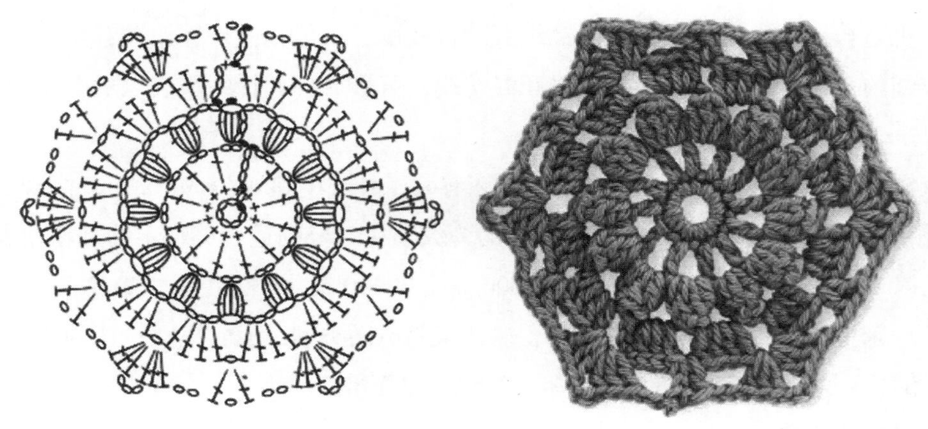

图 6-5 钩针编织花样

二、机器编织

成形类针织服装大多在针织横机上编织，无缝内衣下机后只需少量加工就可成为服装用产品，也可归为成形服装。成形类针织服装的编织过程是按编织工艺操作要求进行。

1. 横机的种类

横机属于纬编针织机，种类繁多。根据传动和控制机构的不同，可分为手动横机（普通手动横机、花式手动横机）、机械半自动横机、机械全自动横机和电脑横机（提花、翻针、移圈、成型）。常见的国产手动横机有红旗马牌、飞虎牌、熊猫牌等；进口的有日本兄弟公司生产的 KH 型系列、丰田公司生产的 KS-901 型、胜家公司生产出的 SK-260 型，进口横机大多带有选针系统，花型由花卡控制。国产的电脑横机主要有宁波裕人机械有限公司的慈星牌、常熟金龙机械有限公司的龙星牌、浙江飞虎针织机械有限公司的华伦飞虎牌、绍兴越发针织机械有限公司的越发牌、南通天元针织机械有限公司的天元牌、常熟雪亮机械有限公司的盛星牌、福建红旗针织机械公司（宁波红旗子公司）的红旗马牌、福建南星工业机械有限公司的野马牌等；进口的主要有日本岛津公司的 SEC 系列、德国 STOLL 公司的 CMS（Chain Management System）系列、瑞士的事坦格（Steiger）、意大利的普罗蒂（Pluodi）等。电脑横机配有自动设计的电脑，可以完全实现电脑设计织物组织、花型、色彩和款式，并由电脑自动生成控制程序实现自动编织，方便高效又能保证产品质量，适应小批量、多品种的生产，目前针织厂的成形类针织服装基本以电脑横机为主。

横机根据针床机号分为粗针横机（2~7 针 /25.4mm）、细针横机（8~16 针 /25.4mm）。粗针横机适合编织中粗线，形成的针织服装也较厚，一般用做保暖服装；细针横机可编织较细的开司米线、细棉线、丝线和混纺线，可形成各类针织服装以适合不同季节的需要。

按针床长度分为小横机和大横机，针床有效工作长度在 600mm（24 英寸）及以下的为小横机；600~900mm（24~36 英寸）的为大横机，分别适合编织不同规格的衣片。国际上以 1270mm（50 英寸）和 1800~2000mm（72~90 英寸）的扩幅机为多。

按针床个数分为单针床、双针床、多针床等不同类型，通常以双针床为主，两个针床呈倒“V”字型配置，可以编织单面组织和双面组织。

2. 横机的特点

（1）在使用横机编织的过程中，可以随时在机上消除疵点，或根据织物的脱散性，将织物疵点部分拆掉，重新编织而得到完好的衣片，因此原料损耗较少，特别适合编织价格比较高的羊毛衫。

（2）可以应用全成形工艺生产款式多样、新颖别致的羊毛衫。如各式衫、裤、裙、帽、手套、围巾、披肩、书包等。

（3）可以适应各种原料，编织不同结构、不同组织、色彩鲜艳的花色织物。

（4）横机对织物宽度变化的适应性较强，除能编织成形衣片外，还能编织成形管状织物及其他要求的织物。

（5）横机结构简单、实用，编织技术容易掌握，保养维修和翻改品种方便。

3. 横机的结构

普通手摇横机是一种最简单的横机，主要由机座、给纱机构、编织与选针机构、针床横移机构、牵拉机构组成，半自动横机还带有传动装置。随着技术进步，横机编织的自动化程度也越来越高，电脑横机已成为许多工厂的首选，其结构比普通手摇横机复杂得多，但基本原理还是相同的，下面以普通手摇横机为例来介绍横机的结构。

（1）机座与针床部件：机座是机器的骨架，用于安放针床、机头导轨、针床移位扳手等零件。针床是编织的关键部件，织针在针槽内作上下运动完成编织过程，分为前针床和后针床（图 6–6）。

（2）机头部件：机头是编织的心脏部件，用于编织线圈，并相互串套成针织物。它由机头、三角装置、三角控制调节装置、导纱变换器等组成（图 6–7）。

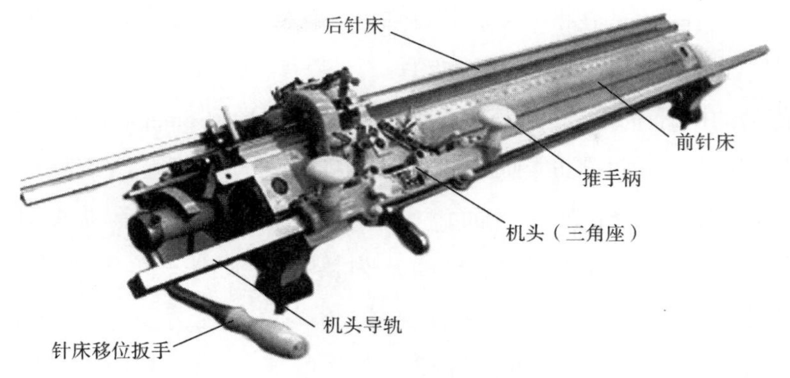

图 6–6　手摇横机机座与针床部件

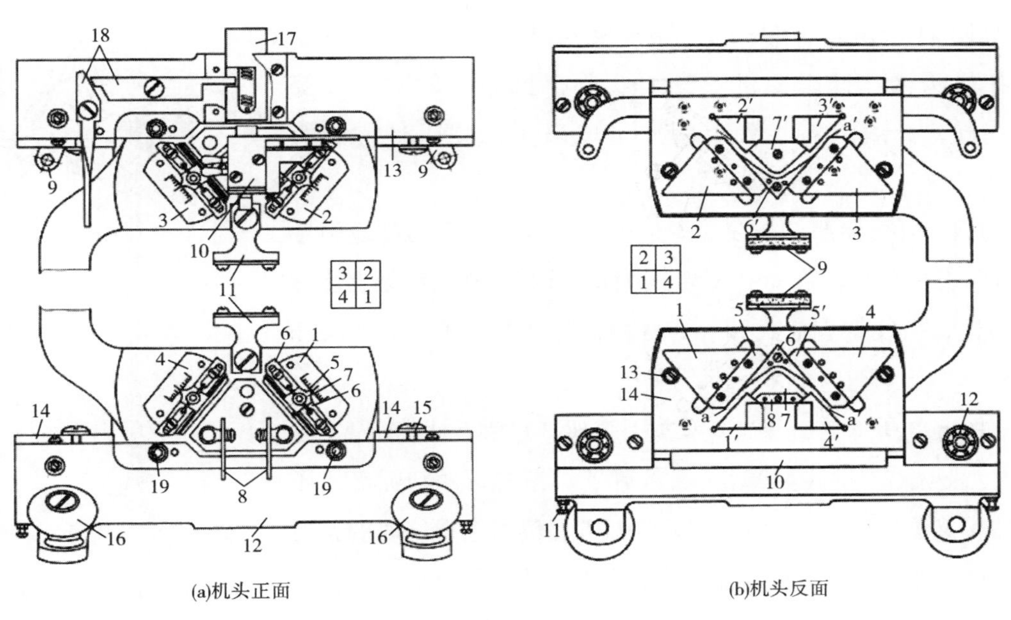

图 6–7　手摇横机机头部件

图 6–7（a）所示为机头的正面，方框内的 1、2、3、4 表示机头正面的方位代号。图中 1、2、3、4 是成圈三角的调节与指示装置，使用这样的方位代号方便来称呼和制定工艺操作规程。调节与指示装置由分数板 1、2、3、4，分数指示器 5 以及用于松紧密度限位的大小压板 6 和翼形螺母 7 组成，其作用是调节、控制成圈三角深度，决定织物线圈大小。8 和 9 是推起式起针三角的控制开关，分别控制起针三角进入或退出低踵针高度的工作位置。导梭器 10 带动导纱器工作或变换导纱器（调梭）。毛刷架 11 供安装毛刷之用。前、后推手 12 和 13 用螺钉 19 固定于机头上，两端装有推手铁 14，起

调节、稳定机头作用。有的在推手下面装有轴承，以减轻机头负载。15 为推手铁的调节螺钉，16 为手工推动机头的手柄。在后推手 13 上装有离合器芯子 17 和开关扳手 18 等，为采用机械传动的横机所用。机头马脚和推手铁 14 嵌于导轨 6mm × 6mm 的槽道中滑动，要求滑动配合良好，加上润滑油能使机头在导轨中轻松移动、匀滑，减轻动力负载。

图 6–7（b）所示为机头的反面，方框内 1、2、3、4 表示机头处于反面时的方位代号。1′~4′ 为起针三角；5、5′ 为镶片式成圈三角的镶片，称为成圈片；6、6′ 为压针三角；7、7′ 为顶针三角；8 为横档三角。这些三角组成了一条曲线形的走针槽道 a–a′，织针的针踵是在这条槽道中沿着三角的工作面上、下运动，进行编织成圈。9 是毛刷；10 为机头马脚；11 为调节螺钉；12 为轴承装在推手上，其与导轨平面接触而滚动，可大大减少机头编织时的摩擦阻力。横机所用的三角均安装在三角底板 14 上，再用螺钉 13 紧固在机头内。针织横机对三角装置在机头上的对称度要求较高，其编织特性和成圈质量取决于三角机件的安装质量。

（3）引线架部件：在编织过程中，将筒管上的纱线引导至导纱器中的机件称为引线架，俗称三线架。在引线架上装有张力器，引线架有立式和卧式两种，每种都有单头、双头和多头。

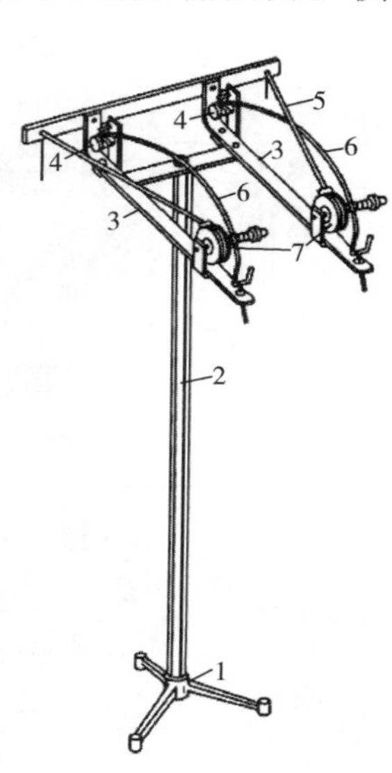

图 6–8　立式双头引线架

图 6–8 所示是一种立式双头引线架，它由立柱底座 1、立柱 2、支架 3、挑线弹簧 6、挑线弹簧调节螺母 4 和圆盘式压线器（又称张力器）7 等组成。纱线 5 在筒管上退绕时的张力不可能完全一致，因此就需要张力器对张力进行补偿调节，保证所垫纱线尽量保持张力均匀，将由于编织速度不匀而引起的张力波动幅度减少到最小。当下一横列返回编织时，留在喂纱梭嘴与边针之间的一段余纱必须及时提回，挑线弹簧 6 主要就是起到提回这段余纱的作用（也起一定的稳定纱线张力的作用），使织物两边线圈齐整、光洁，保证纱线正常稳定地输送，提高织物的质量。

（4）牵拉机构：采用重锤式牵拉，用于编织时起口和牵拉织物，由定幅梳栉（俗称串线板）、重锤等组成（图 6–9）。

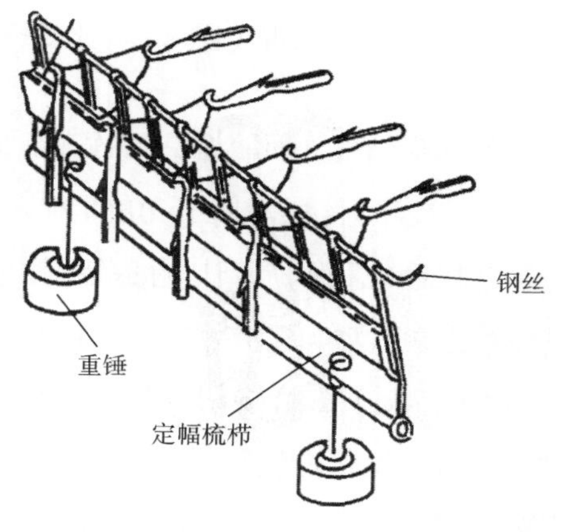

图 6–9　牵拉机构

4. 横机编织的主要织物

采用横机编织时，成圈是利用机头上的三角斜面推动针踵，使上升的舌针将旧线圈移向针杆，舌针下降，旧线圈推动针舌闭合针口，套住新纱线，并将纱线弯曲串套成为新的线圈。横机编织的成圈顺序为：退圈→垫纱→带纱→闭口→套圈→连圈→脱圈→弯纱→成圈→牵拉。手摇横机编织的主要织物有：

（1）纬平针组织：主要用作衣片的大身部段。其编织方法有：①在一个针床上编织；②在两个针床上轮流编织，可形成圆筒形织物。

（2）罗纹类组织：主要用于大身、下摆、袖口、领口和门襟等部位。主要有：1+1罗纹（1隔1抽针罗纹或满针罗纹）、2+2罗纹组织等。其编织方法有：①1隔1抽针罗纹：前后针床针槽相对，织针1隔1交错（图6-10）；②满针罗纹（四平组织）：前后针床针槽交错，所有织针均参加工作（图6-11）。

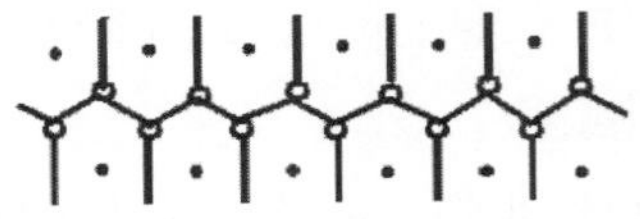

图6-10　1隔1抽针罗纹

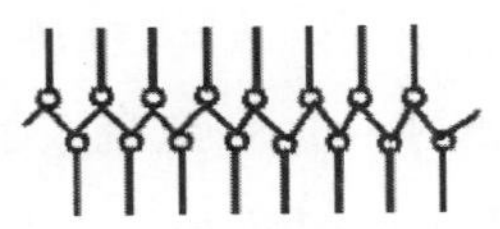

图6-11　满针罗纹

（3）空气层类组织织物：常见有四平空转织物（罗纹空气层组织）、三平织物（罗纹半空气层组织）等。

①四平空转织物是由一个横列的满针罗纹（四平）和一个横列的前后针床轮流编织的平针（空转）组成。形成织物厚实、挺括、横向延伸性小，尺寸稳定性好，表面有横向隐条（图6-12）。

②三平空转织物是由一个横列的四平和一个横列的平针组成，形成织物两面具有不同的密度和外观（图6-13）。

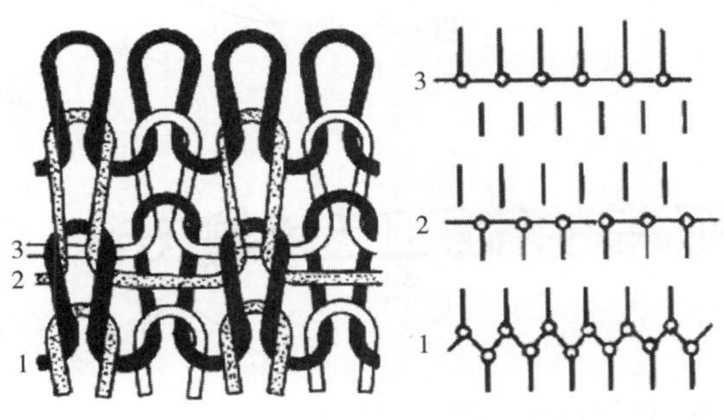

图6-12　四平空转织物

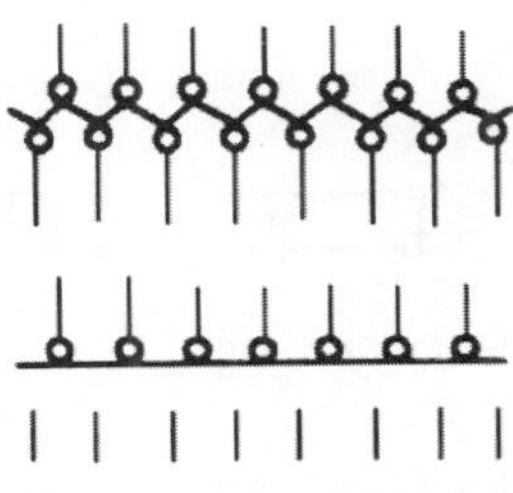

图6-13　三平空转织物

（4）集圈类组织：分为单面集圈和双面集圈两种。单面集圈织物形成各种凹凸网眼结构，有凸起的悬弧效果（又称胖花）；双面集圈织物形成畦编（又称双元宝针或双鱼鳞组织，图 6–14）和半畦编（又称单元宝针或单鱼鳞组织，图 6–15）。

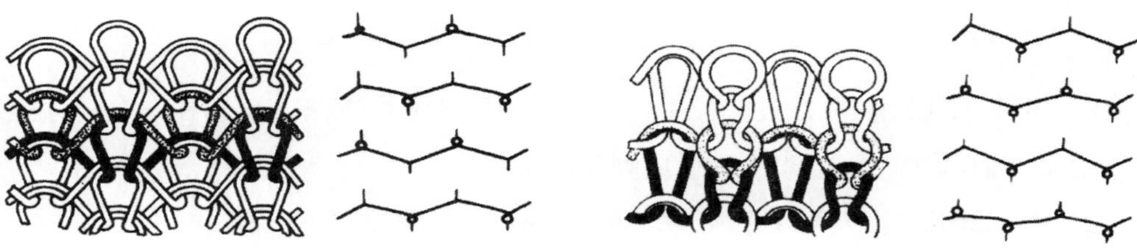

图 6–14　双元宝针　　图 6–15　单元宝针

（5）移圈类组织：分为双面移圈织物和单面移圈织物，主要利用移圈板来进行前、后针床织针之间或同一针床的相邻纵行之间的线圈转移或交换。如果移圈在相邻纵行线圈之间的转移，则可形成网眼织物；如果移圈在相邻纵行的线圈相互交换位置，则形成绞花织物，如图 6–16 所示就是 2×2 绞花组织。

（6）波纹类组织：又称为扳花组织，由倾斜线圈形成波纹状花纹的双面纬编组织。主要通过前后针床织针之间位置的相对移动，使线圈倾斜，在双面地组织上形成波纹状的外观效应，有四平扳花、三平扳花、畦编扳花或半畦编扳花等（图 6–17）。

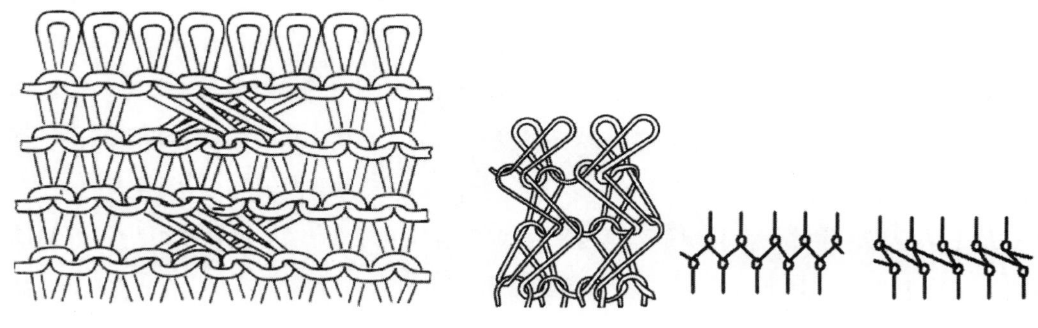

图 6–16　绞花组织　　图 6–17　波纹组织

第二节　成形类针织服装的编织工艺计算方法

以圆领插肩袖女开衫为例，介绍典型针织毛衫的编织工艺计算方法。

一、原料品种及纱线线密度

原料采用 83×1tex（12/1 公支）的兔毛纱。

二、产品款式及测量方法（图 6–18）

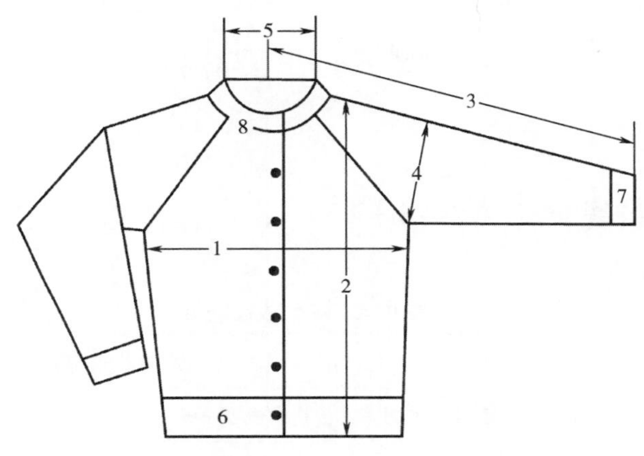

图 6–18　圆领插肩袖女开衫款式及测量方法

三、产品规格（表 6–3）

表 6–3　圆领插肩袖兔毛女开衫的规格尺寸　　单位：cm

编号	1	2	3	4	5	6	7	8
部位	胸围 /2	身长	袖长	袖肥	后领宽	下摆罗纹	袖口罗纹	领罗纹
尺寸	45	59.5	68	18	9	4	3	3

四、织物组织

大身、袖身为纬平针组织；下摆、袖口、领子为 1+1 罗纹组织。

五、确定横机机号

横机可分为细机号（机号在 8 针以上，包括 8 针）和粗机号（机号在 8 针以下）

两种，常用机号有4、6、9、11针等。机号和纱线线密度、织物组织有密切关系，机号越高，针距越小，可加工的纱线越细，织物密度也越紧密。

在编织纬平针织物和罗纹织物时，适于某种纱线线密度的机号按下式求得

$$G=\sqrt{\frac{K}{T_t}}$$

式中：G——机号（针/2.54cm）；

T_t——纱线密度（tex）；

K——适宜加工纱线线密度的常数。一般取7000~11000，其中腈纶膨体纱的K值为8000、毛纱的K值为9000时最为合适。在本例中为兔毛，取K=10000，

$$G=\sqrt{\frac{10000}{83}}\approx 11\text{（针/2.54cm）}$$

六、织物成品密度（表6–4）

表6–4 织物成品密度

规格	机号	坯布组织		成品密度（线圈数/10cm）			
		前后身、袖子	下摆、袖口、领口	横向密度（纵行/10cm）		纵向密度（横列/10cm）	
				身	袖	身	袖
90cm	11	纬平针	1+1罗纹	52	54	83	80

横向密度为10cm长的线圈纵行个数，纵向密度为10cm长的线圈横列个数。设计产品的成品密度时，一般取袖子的纵向密度比大身的纵向密度小2%~8%；而袖子的横向密度比大身的横向密度大1%~5%，这样可以抵消产品在生产过程中产生的变形。具体差异比例应根据原料性质、织物组织结构、机器机号及后整理条件等因素决定。

七、部位工艺计算

（1）后身胸围针数 =（胸围尺寸/2–两边摆缝折向后身的宽度）× 大身横向密度/10+缝耗针数 =（45–1）×5.2 + 2×3=234.8针，取235针。

为获得良好的外观，使缝迹容易整理，羊毛衫前、后衣片的摆缝一般折向后身，折向后身的宽度一般取1~1.5cm。

缝耗针数的多少与产品的种类及缝合机械有关。摆缝耗针数：一般每边缝耗取

0.5cm，细机号产品 3~4 针；粗机号产品 1~2 针；一般品种取 2~3 针。合肩缝耗针数：一般取 2~8 个线圈横列，即 1~4 转。这里缝耗取 0.5cm，即 0.5 × 54 个纵行 /10cm，约等于 3 针。

（2）后领口针数 =（后领宽 + 领罗纹宽 ×2 ± 因素）× 大身横向密度 /10=（9+3 × 2–3+1）× 5.2=67.6 针，取 67 针。

后领口针数的多少主要与边口方式及后领尺寸的测量方式有关，此外还需考虑缝耗针数的影响。

（3）后身长转数 =（衣长尺寸 – 下摆罗纹宽 + 测量差异）× 大身纵向密度 /10 × 组织因素 + 缝耗转数 =（59.5–4+0.5）× 8.3 × 1/2+2=234.4 转，取 234 转。

这里缝耗取 0.5cm，也即 0.5 × 83 个横列 /10cm 约等于 4 个横列，即 2 转。测量差异一般为 0.5 ~ 1cm。组织结构与转数及组织因素的关系见表 6–5。

表 6–5　组织结构与转数及组织因素的关系

组织结构	横列与转数	组织因素
畦编、半畦编、罗纹半空气层	一转一横列	1
平针、罗纹	一转二横列	1/2
罗纹空气层	三转四横列	3/4

（4）前身胸围针数 =（胸围尺寸 /2+ 两边摆缝折向后身的宽度 + 门襟宽）× 大身横向密度 /10+ 摆缝和装丝带的缝耗针数 =（45+1+2.5）× 5.2+2 ×（4+4）=268.2 针，此处取 266 针，故前身半胸围针数为 133 针（奇数针）。

（5）前领口针数 =（后领阔 + 领罗纹宽 ×2+ 门襟宽 ± 因素）× 大身横向密度 /10=（9+3 × 2+2.5+2.5）× 5.2=104 针，取 104 针，故前领口针数为 52 针。

（6）前身长转数 =（身长尺寸 – 下摆罗纹宽 + 测量差异 – 前后身长度差）× 大身纵向密度 /10 × 组织因素 =（59.5–4 +0.5–1.5）× 4.15=228.2 转，取 228 转。

平袖背肩和平肩裁剪产品，通常前身比后身长 1~1.5cm。斜袖产品由于款式的关系，前身长度比后身长度短 1.5~2cm。

（7）后身挂肩转数 =（袖宽尺寸 + 修正因素）× 大身纵向密度 /10 × 组织因素 =（18+6）× 4.15=99.6 转，取 100 转。

修正因素根据斜袖的倾斜而定，一般加 6~7cm。

（8）后身挂肩收针次数 =（后身胸围针数 – 后领宽针数）/ 每次两边收去的针数 =（235–67）/（2 × 3）=28 次，4 转收 3 针 16 次，3 转收 3 针 12 次。

计算后身挂肩每次每边收针数时，粗厚产品一般每次每边收 2 针；细薄产品一般收 3 针。后挂肩收针长度一般是男衫 8~10cm，女衫 7~9cm，童衫 5~7cm。前身挂肩比后身挂肩多收 1~2 次。

（9）前身挂肩收针次数比后身少收 1 次，共 27 次，4 转收 3 针 13 次，3 转收 3 针 14 次。

（10）下摆罗纹转数 =（下摆罗纹宽 – 起口空长度）× 下摆罗纹纵向密度 /10× 组织因素 =（4–0.2）× 5.5=20.9 转，取 20.5 转。

（11）袖长转数 =（袖长 – 袖口罗纹 – 领罗纹 –1/2 的领宽）× 袖纵向密度 /10× 组织因素 + 缝耗转数 =（68–3–3–4.5）× 4 +4=234 转。此袖长规格是从领中量起的。

（12）袖宽最大针数 = 袖肥 ×2× 袖横向密度 /10+ 缝耗针数 =18 × 2 × 5.4+2 × 3=200 针，取 201 针（奇数针）。

（13）袖山头针数 = 袖山头尺寸 × 袖横向密度 /10+ 缝耗针数 = 4 × 5.2+6=26.8 针，取 27 针。

斜袖（插肩袖）山头一般为 4~5cm。

（14）袖子收针次数 =（袖宽最大针数 – 袖山头针数）/ 每次两边收去针数 =（201–27）/6=29 次。

（15）斜袖挂肩转数一般同后身挂肩转数，故斜袖挂肩转数为 100 转。

（16）袖口罗纹交接处针数 = 袖口尺寸 ×2× 袖横向密度 /10+ 缝耗针数 =11.5 × 2 × 5.4+6=130.2 针，取 131 针。

（17）袖口罗纹转数 =（袖口罗纹宽 – 起口空转长度）× 袖口罗纹纵向密度 /10× 组织因素 =（3–0.2）× 5.4=15.12 转，取 15.5 转。

（18）领罗纹转数 = 领罗纹宽 ×2× 领罗纹纵向密度 /10× 组织因素 + 缝耗转数 = 3 × 2 × 5.5+2.5=35.5 转。

计算或实测领周长为 38cm，算得领罗纹针数为 227 针。

八、圆领插肩袖女开衫编织工艺单（图 6-19）

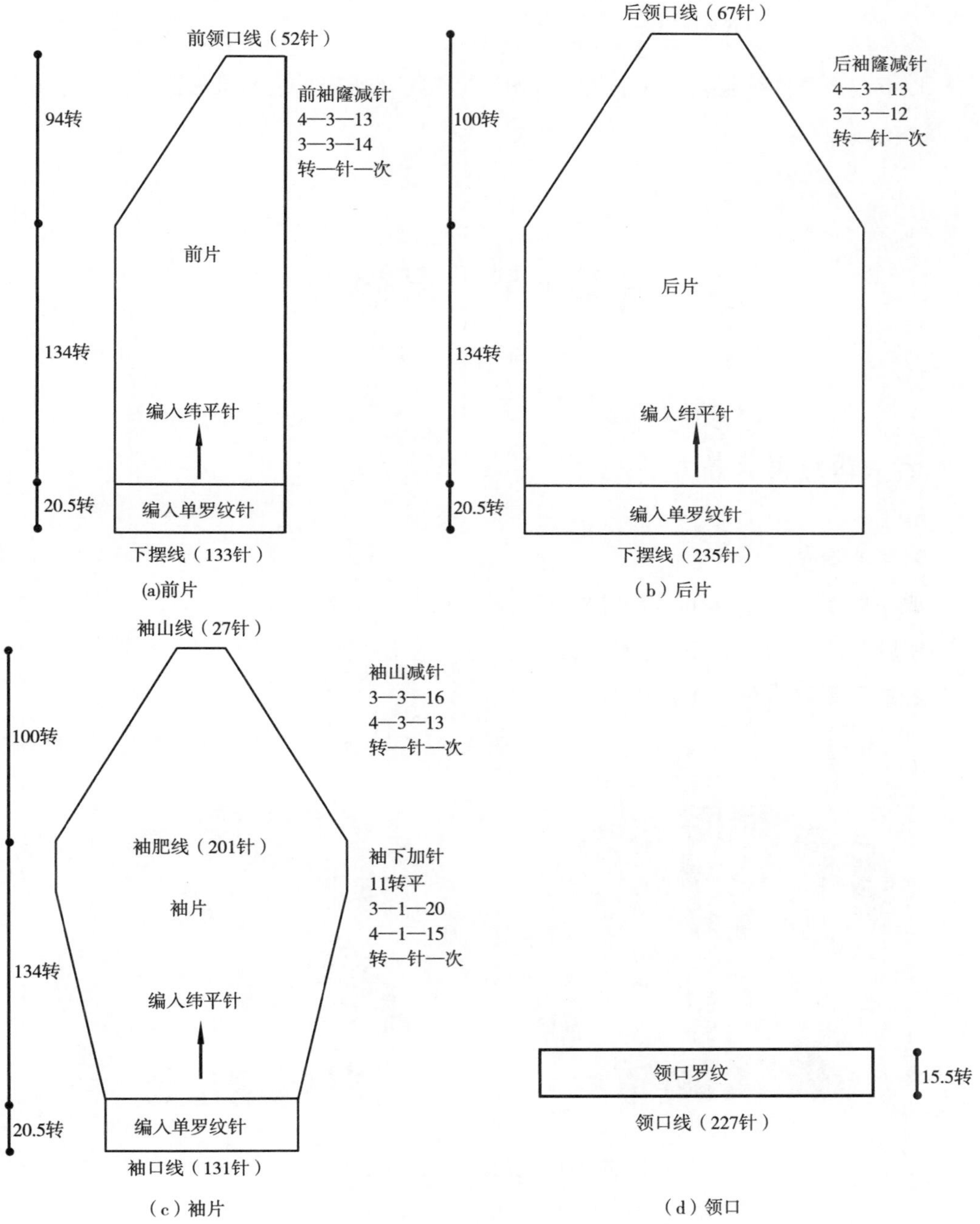

(a)前片

（b）后片

（c）袖片

（d）领口

图 6-19　圆领插肩袖女开衫编织工艺单

第七章　成形类针织服装制作工艺实例

以下成形类针织服装制作工艺实例均为笔者历年所带学生的课程设计大作业。

第一节　开衫

一、简约型长袖开衫

1. 基本信息

成品尺寸：胸围 98cm，背肩宽 37cm，衣长 54cm，袖长 55cm。

密度：22 针 /10cm，25 行 /10cm。

2. 成品图片（图 7–1）

图 7–1　简约型长袖开衫实物

（设计制作者：马萦如）

3. 衣片分解（图 7-2）

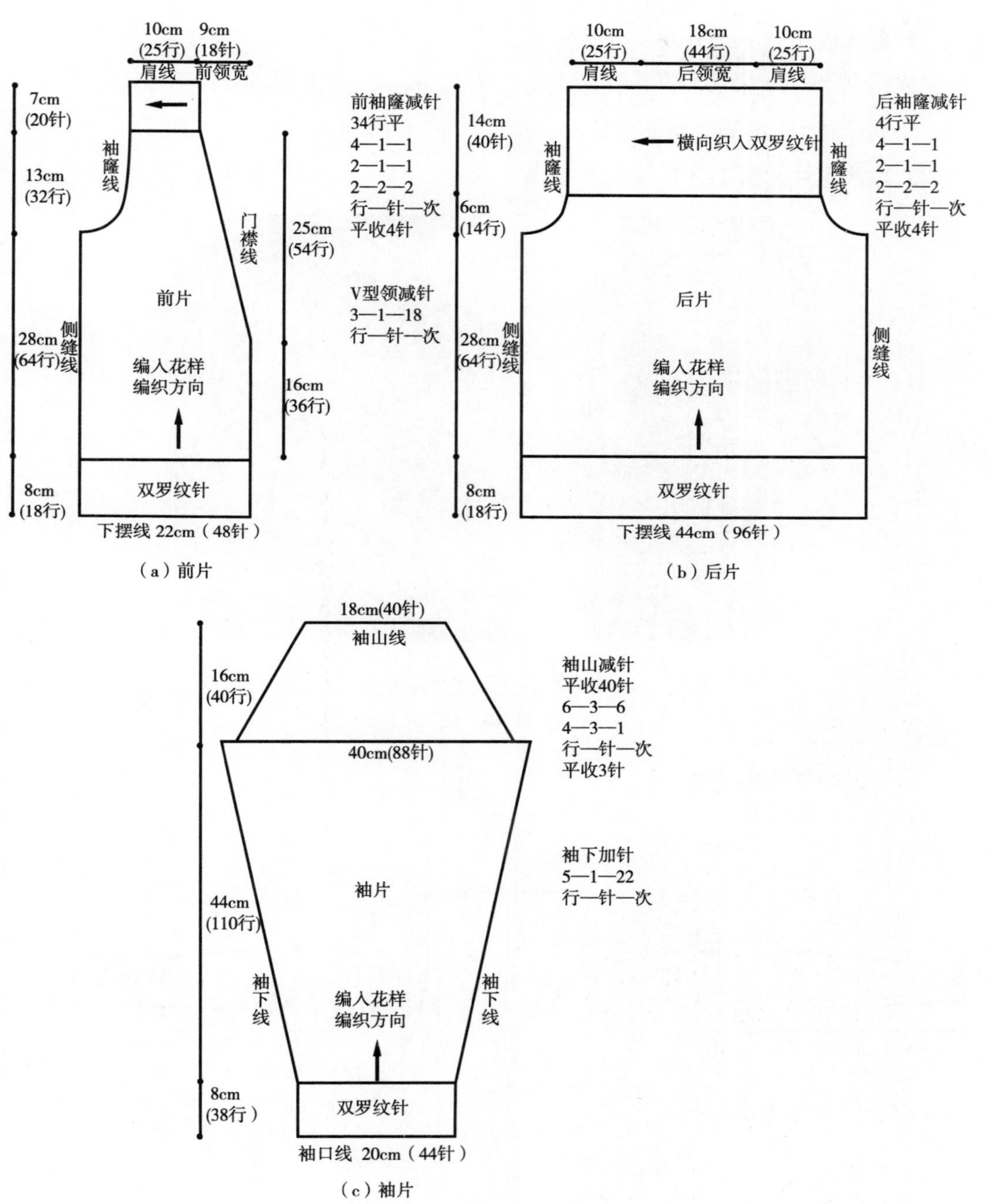

图 7-2 简约型长袖开衫衣片分解图

二、对拧麻花开衫

1. 基本信息

成品尺寸：胸围 98cm，背肩宽 37cm，衣长 56cm，袖长 43cm。

密度：22 针 /10cm，24 行 /10cm。

2. 成品图片（图 7-3）

图 7-3　对拧麻花开衫实物

（设计制作者：陈雪良）

3. 衣片分解（图 7-4）

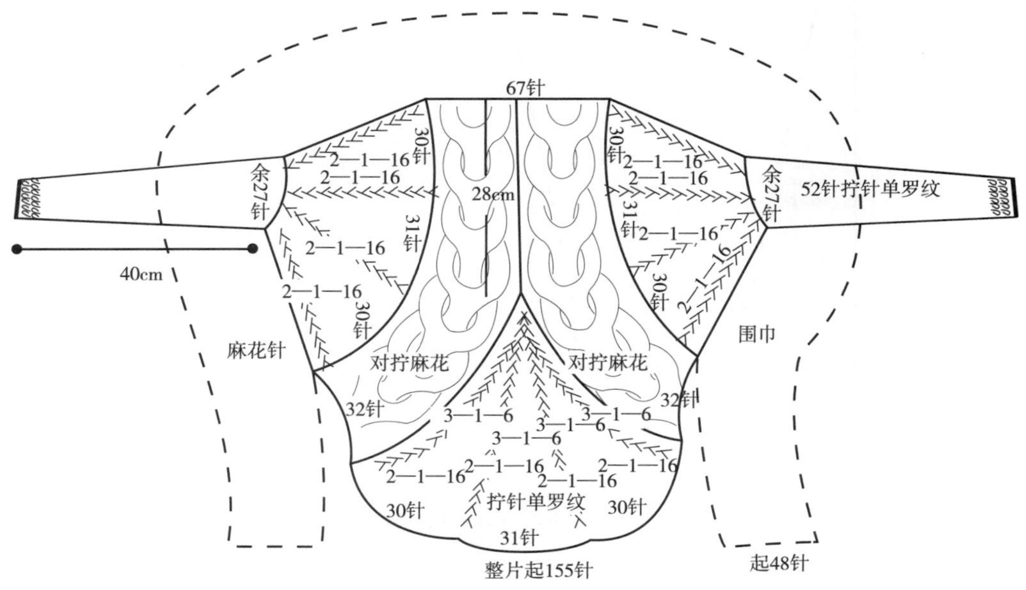

图 7-4　对拧麻花开衫衣片分解图

第二节　套头衫

一、海军横条纹长袖套头衫

1. 基本信息

成品尺寸：胸围 56cm，衣长 60cm，袖长 34cm。

密度：52 针 /10cm，55 行 /10cm。

2. 成品图片（图 7–5）

图 7–5　海军横条纹长袖套头衫实物

（设计制作者：李春莲）

3. 衣片分解（图 7-6）

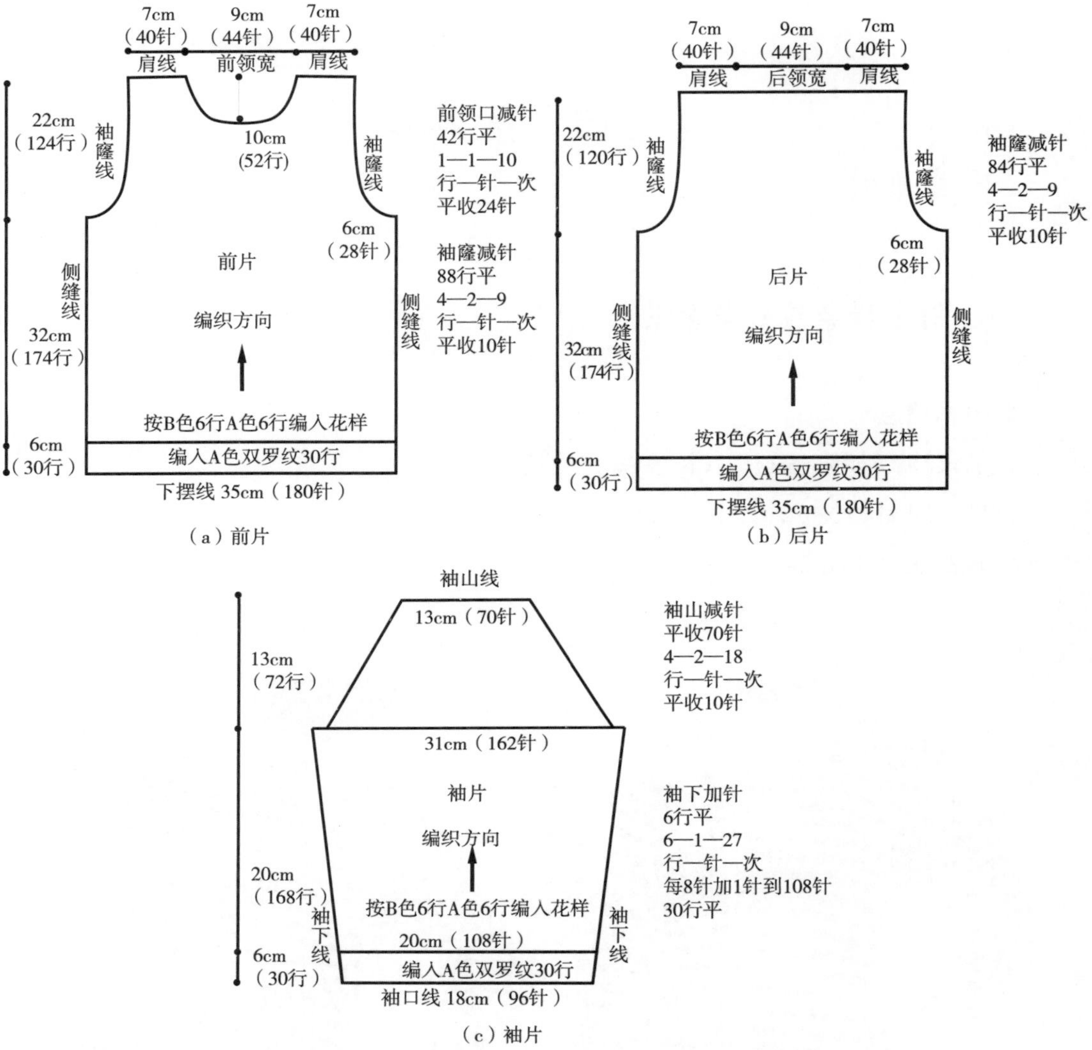

（a）前片

（b）后片

（c）袖片

图 7-6　海军横条纹长袖套头衫衣片分解图

二、高腰中袖套头衫

1. 基本信息

成品尺寸：胸围 98cm，背肩宽 27.5cm，衣长 45.5cm，袖长 35cm。

密度：40 针 /10cm，50 行 /10cm。

2. 成品图片（图 7-7）

图 7-7　高腰中袖套头衫实物
（设计制作者：孙嘉祺）

3. 衣片分解（图 7-8）

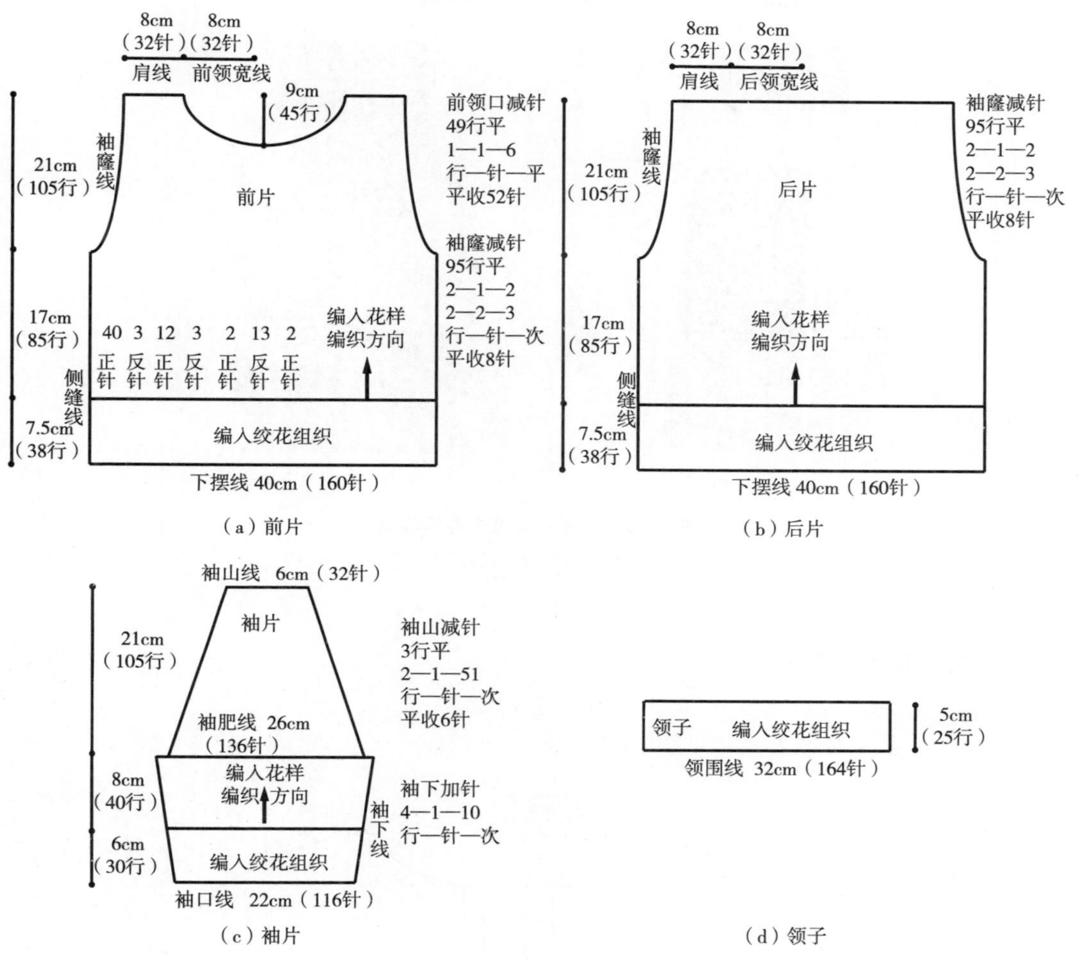

图 7-8 高腰中袖套头衫衣片分解图

第三节 斗篷

一、立领花朵流苏斗篷

1. 基本信息

成品尺寸：胸围 98cm，背肩宽 37cm，衣长 40cm，衣宽 64。

密度：22 针 /10cm，25 行 /10cm。

2. 成品图片（图 7–9）

图 7–9　立领花朵流苏斗篷实物
（设计制作者：范心韵）

3. 衣片分解（图 7–10）

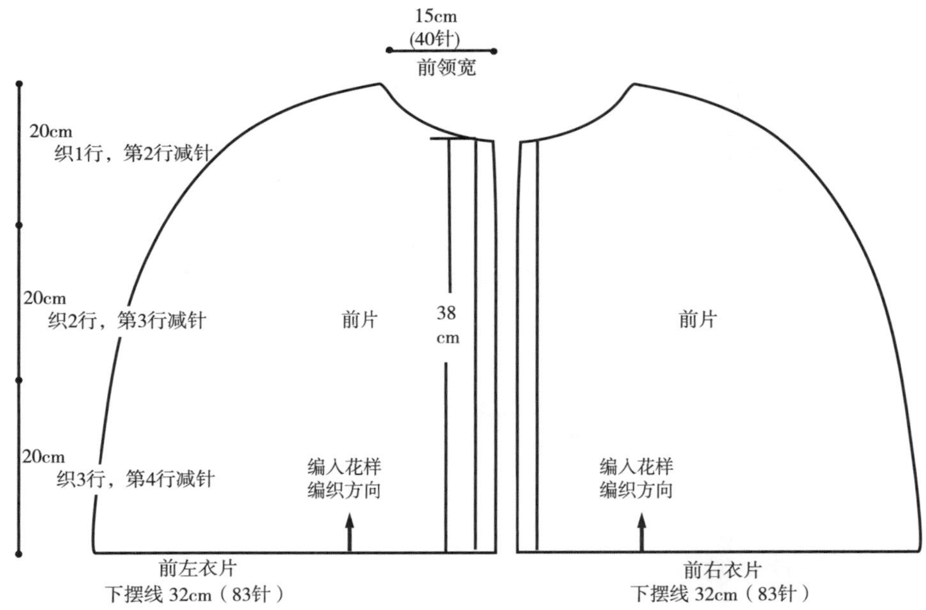

(a)前片

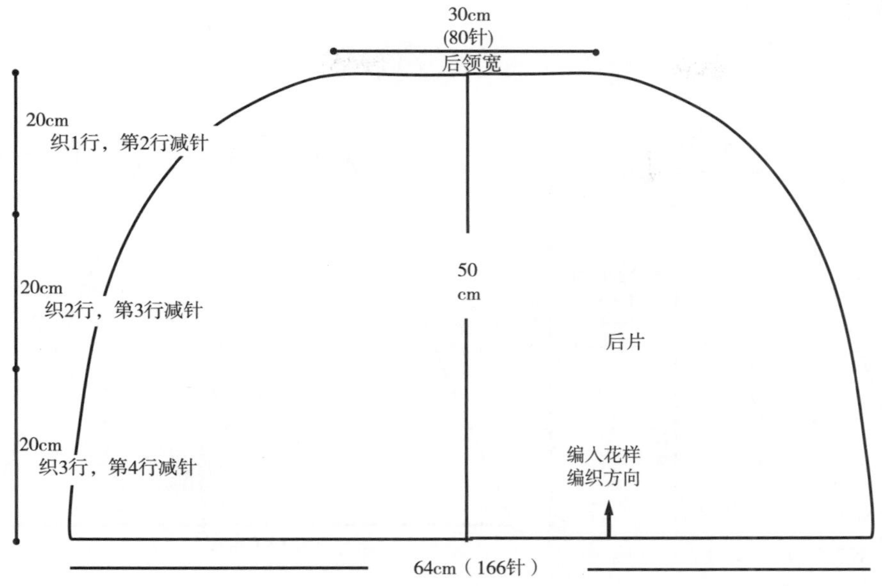

(b)后片

图 7-10 立领花朵流苏斗篷衣片分解图

二、连帽 A 型斗篷

1. 基本信息

成品尺寸：胸围 98cm，下摆周长 228cm，衣长 68cm，领围 68cm。

密度：13.5 针 /10cm，13 行 /10cm。

2. 成品图片（图 7-11）

图 7-11 连帽 A 型斗篷实物

（设计制作者：沈迎芳）

3. 衣片分解（图 7-12）

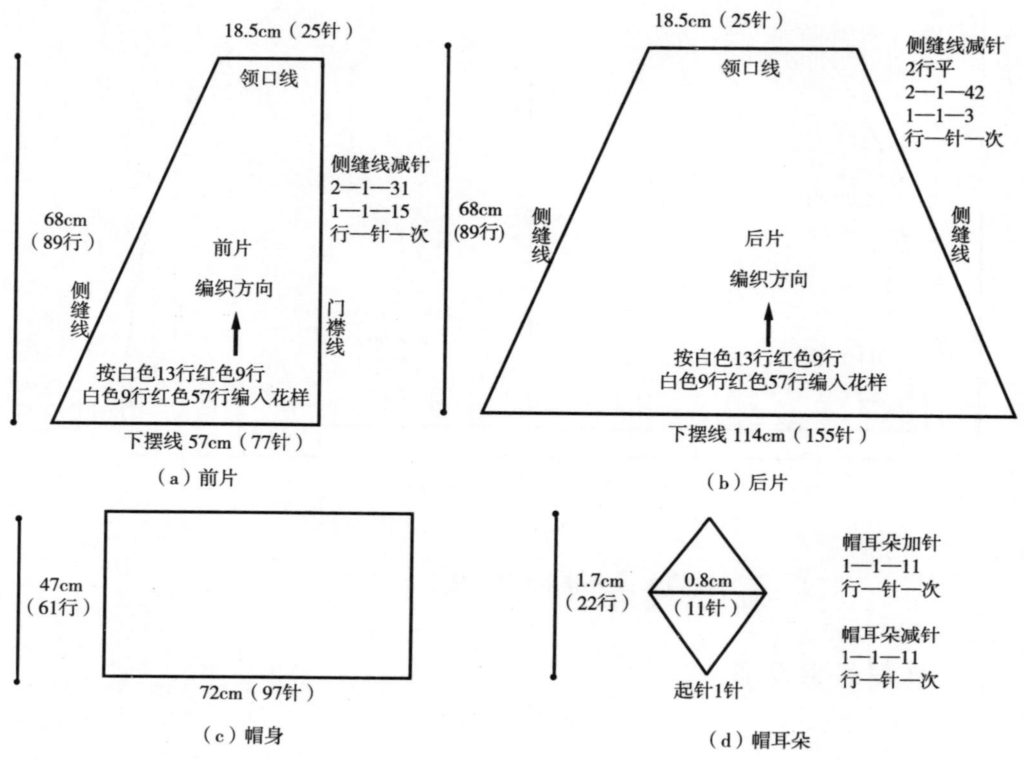

图 7-12　连帽 A 型斗篷衣片分解图

第四节　蝙蝠衫

一、条纹长袖蝙蝠衫

1. 基本信息

成品尺寸：胸围 78cm，衣长 54.5cm，袖长 43cm。

密度：17 针 /10cm，30 行 /10cm。

2. 成品图片（图 7–13）

图 7–13　条纹长袖蝙蝠衫实物

（设计制作者：顾璎珞）

3. 衣片分解（图 7–14）

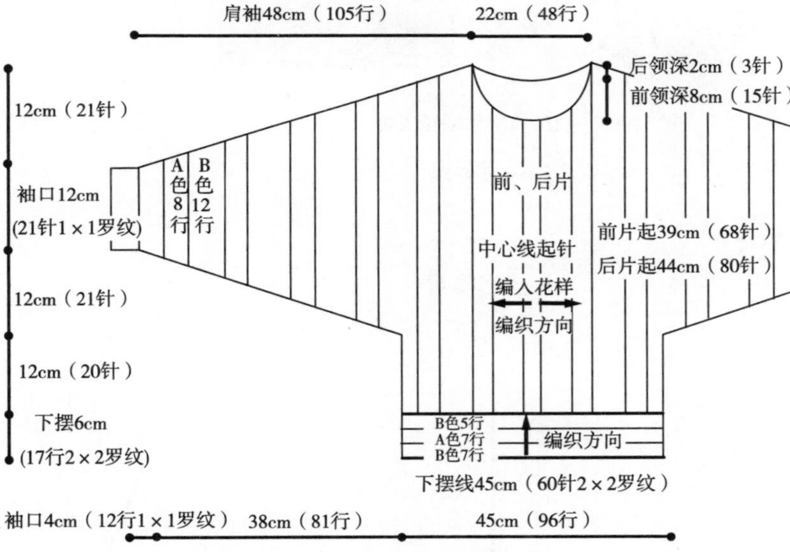

肩袖48cm（105行）　22cm（48行）

后领深2cm（3针）

前领深8cm（15针）

12cm（21针）

A色8行

B色12行

袖口12cm

(21针1×1罗纹)

前、后片

前片起39cm（68针）

后片起44cm（80针）

中心线起针

编入花样

编织方向

12cm（21针）

12cm（20针）

下摆6cm

(17行2×2罗纹)

B色5行

A色7行

B色7行

编织方向

下摆线45cm（60针2×2罗纹）

袖口4cm（12行1×1罗纹）　38cm（81行）　45cm（96行）

前领口加针
1—1—15
行—针—次
9行平

后领口加针
1—1—3
行—针—次
19行平

上袖片减针
5—1—21
行—针—次

下袖片减针
4—1—18
3—1—3
行—针—次

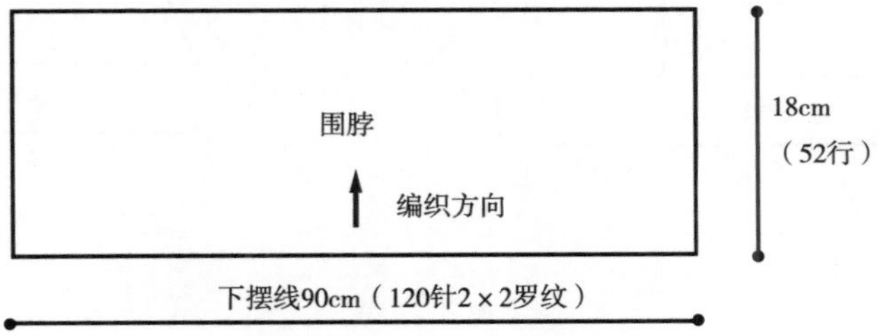

（a）前、后片

围脖

编织方向

18cm

（52行）

下摆线90cm（120针2×2罗纹）

（b）围脖

图 7–14　条纹长袖蝙蝠衫衣片分解图

二、绞花长袖蝙蝠衫

1. 基本信息

成品尺寸：胸围 145cm，衣长 55cm，袖长 70cm。

密度：17 针 /10cm，20 行 /10cm。

2. 成品图片（图 7–15）

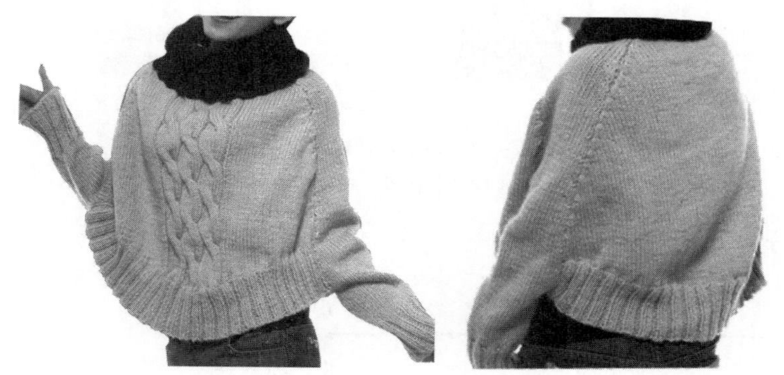

图 7–15　绞花长袖蝙蝠衫实物

（设计制作者：水颖欣）

3. 衣片分解（图 7–16）

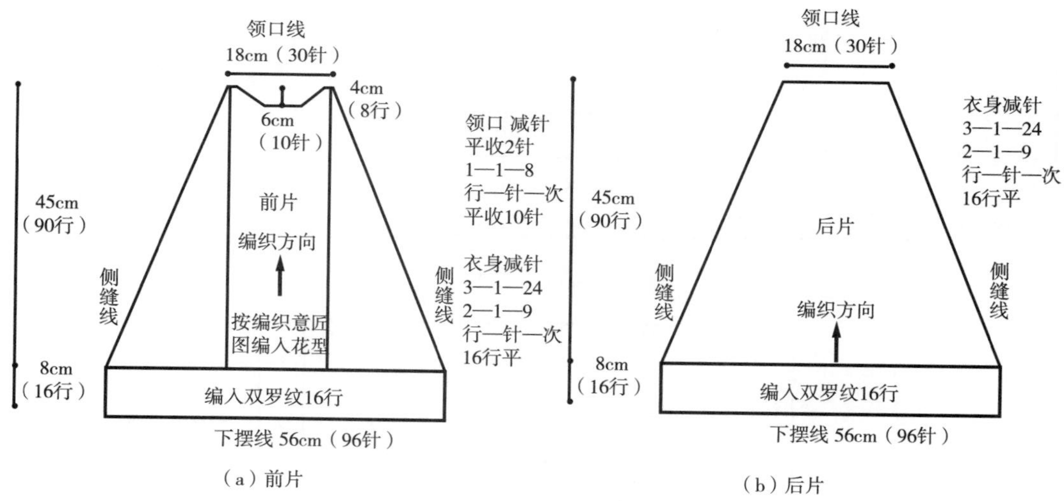

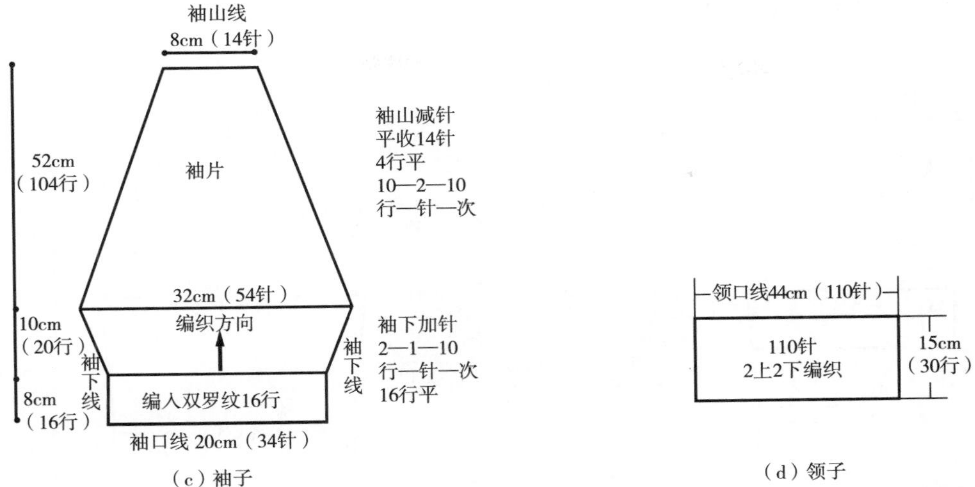

图 7–16　绞花长袖蝙蝠衫衣片分解图

第五节　连衣裙

一、拼接式提花短袖连衣裙

1. 基本信息

成品尺寸：胸围 84cm，衣长 100cm，袖长 18cm，腰围 78cm，臀围 88cm。

密度：16.5 针 /10cm，20 行 /10cm。

2. 成品图片（图 7–17）

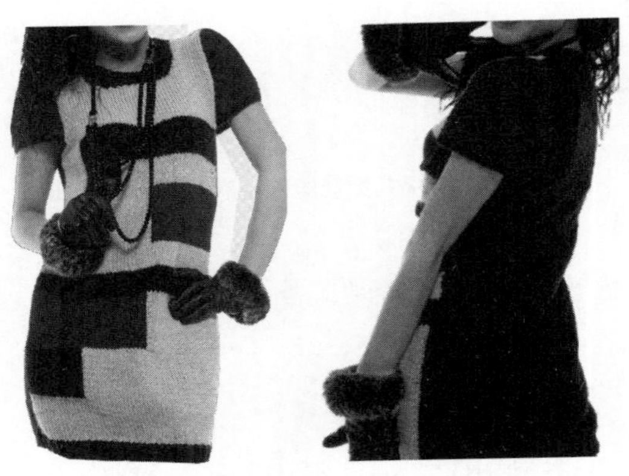

图 7–17　拼接式提花短袖连衣裙实物

（设计制作者：徐怡文）

3. 衣片分解（图 7–18）

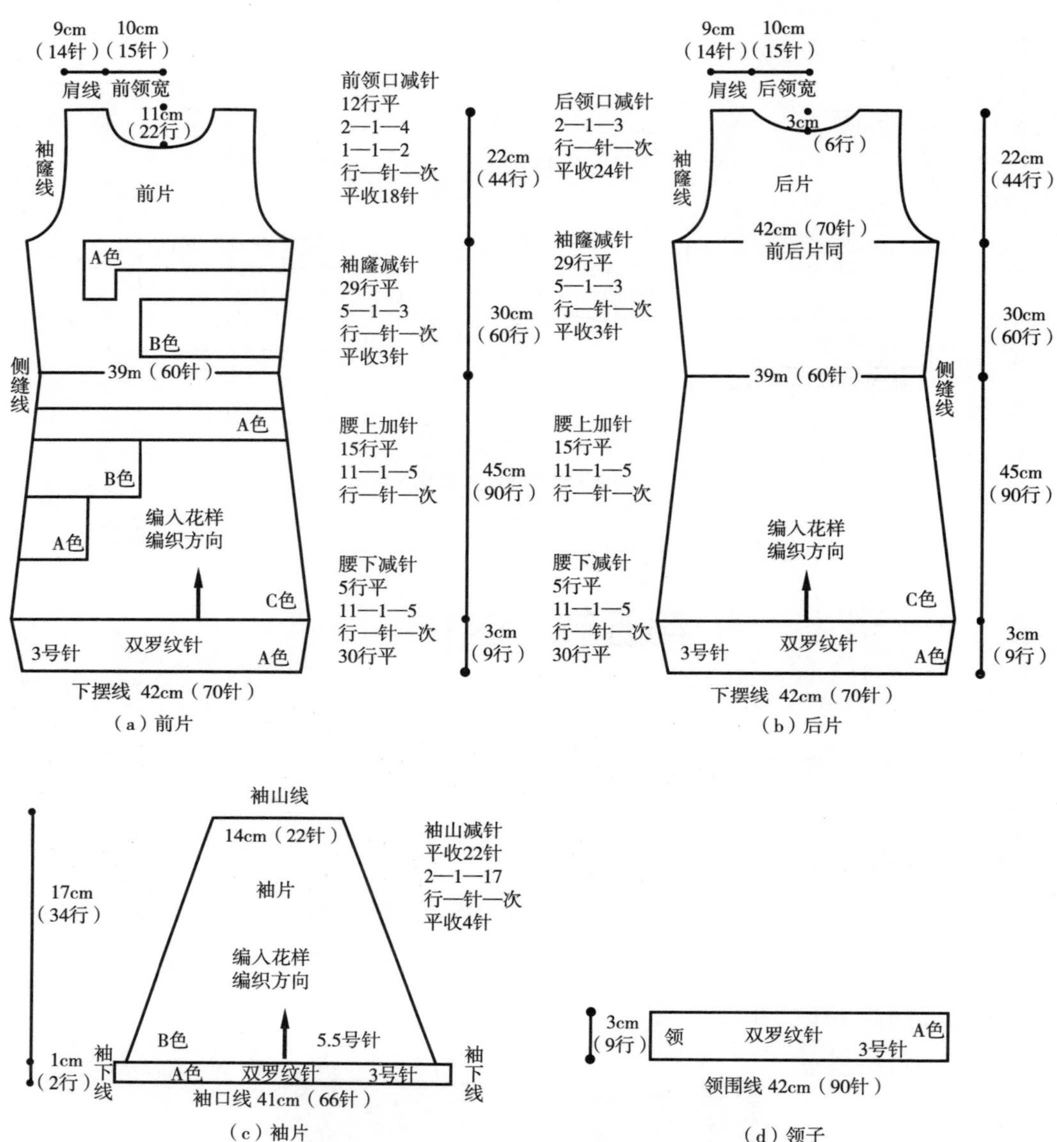

图 7–18 拼接式提花短袖连衣裙衣片分解图

二、拼接式 V 领中袖连衣裙

1. 基本信息

成品尺寸：衣长 74cm；胸围 74cm；腰围 66cm；肩宽 8cm；袖长 33cm；袖口大 20cm。

密度：前后中片 40 针 /10cm，5/10cm；侧片 35 针 /10cm，50 行 /10cm；袖片 30 针 /10cm，58 行 /10cm。

2. 成品图片（图 7–19）

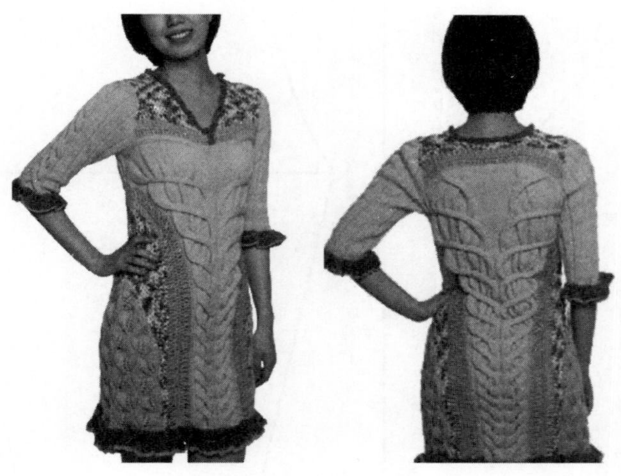

图 7–19　拼接式 V 领中袖连衣裙实物
（设计制作者：金梦）

3. 衣片分解（图 7–20）

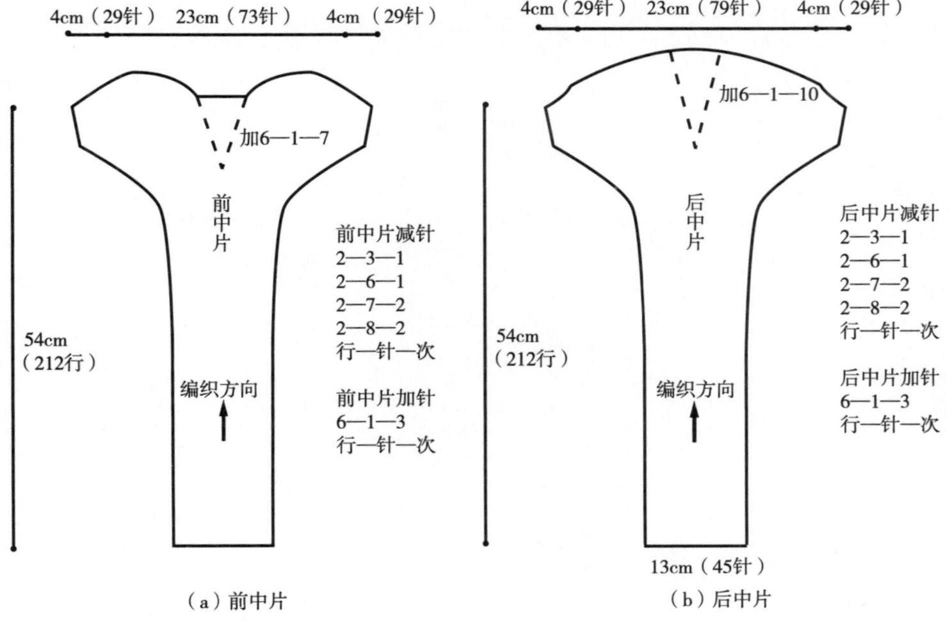

图 7–20

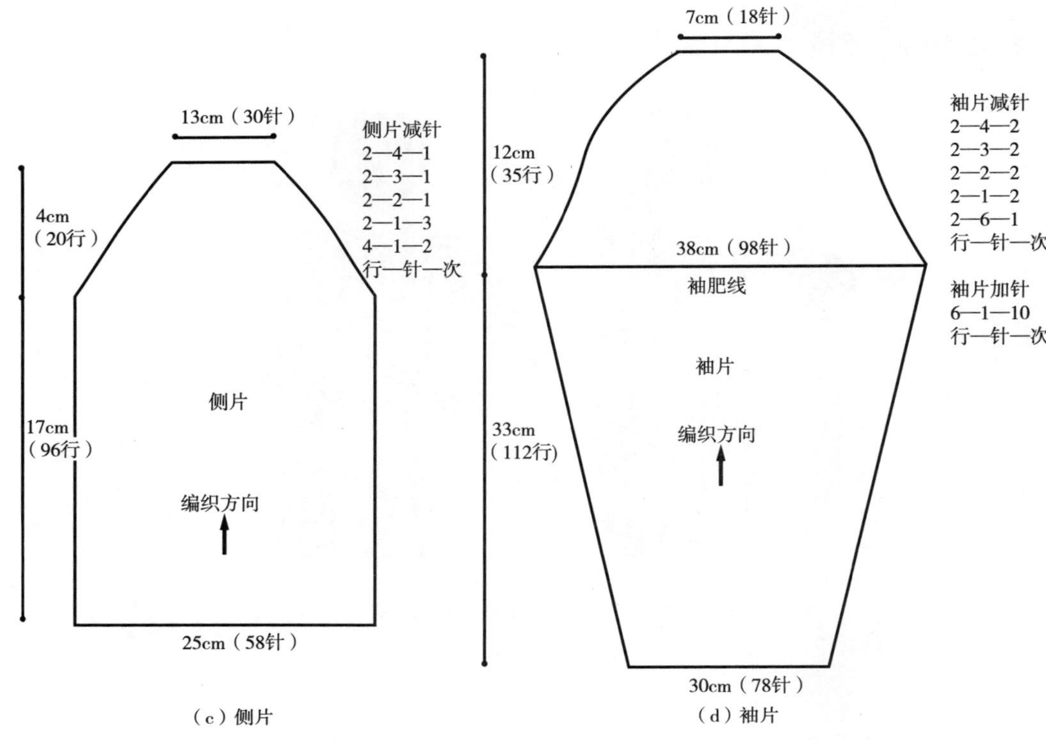

（c）侧片　（d）袖片

图 7–20　拼接式 V 领中袖连衣裙衣片分解图

Special

Part4 第四部分

制作工艺篇
——裁剪类针织服装

课程名称：制作工艺篇——裁剪类针织服装

课程内容：裁剪类针织服装生产的基本知识
裁剪类针织服装常用结构设计方法
裁剪类针织服装的细部结构制图
裁剪类针织服装制作工艺实例

课程时间：24 课时

教学目的：切实体会裁剪类针织服装在结构设计、缝制工艺等方面区别与机织服装的地方，能熟练运用各类针织缝纫设备，如包缝机、绷缝机等；掌握不同款式针织服装的结构制图原理，同时能够基于科学原理和专业理论，举一反三，熟练绘制出变化款式的结构制图。

教学要求：能根据实际生产需求，具备按针织服装款式图、效果图、照片或实物进行服装结构制板的能力。能通过文献或市场调研，自主完成创意针织服装的款式设计，并进行 1:1 结构样板绘制，使样板设计和款式设计有机地结合，同时能选取符合市场需求的针织面料进行裁剪，并能选择合适的缝纫设备进行缝制。

第八章　裁剪类针织服装生产的基本知识

第一节　裁剪类针织服装的基本知识

一、裁剪类针织服装的设计方法与步骤

（1）款式设计：画服装效果图、面辅料选择、画款式图。

（2）款式分析与规格尺寸的确定：款式分析、确定测量部位与测量方法、确定主要部位规格尺寸、绘制系列产品规格尺寸表。

（3）样板设计：确定工艺回缩率、选用缝迹类型确定缝纫损耗、计算制图尺寸、结构制图、排料、样板制作、样衣修改、小批量试制。

（4）缝制工艺设计：选择合适的线迹类型和线迹密度；确定使用缝针的号型；确定所用缝线的类型；确定所用的设备型号；根据产品的类型设计产品工艺流程，排列出生产工艺流程图。

二、裁剪类针织服装生产工艺流程

光坯布准备→坯布检验→配料复核及对色检验→排料与裁剪→缝制加工→半成品检验→整烫→成品检验及等级分类→折叠包装→入库。

三、裁剪类针织服装生产过程注意事项

1. 针织面料性能对加工工艺的影响

针织面料柔软、易变形，具有抗剪性，易于脱散和卷边，具有纬斜性和工艺回缩性等。针织面料性能对成衣加工工艺的选择有重要影响，在裁剪、缝制、整烫加工时，必须针对面料的性能特点设计成衣工艺，扬长避短达到理想的缝制效果。针织面料性

能对加工工艺的影响如表 8–1 所示。

表 8–1　针织面料性能对加工工艺的影响

性能	特点	影响因素	加工工艺	常见具有此特征的面料
拉伸性或弹性	手感柔软，穿着舒适；贴身合体，适于运动；尺寸稳定性相对较差	与织物组织结构有关；与纱线弹性、种类有关；与线圈长度有关；与后处理有关	在裁剪、缝制、整烫时防止面料被拉伸变形；缝纫时要选用与面料相适应的缝线及线迹	加入氨纶纤维的面料或弹性较大的罗纹面料
脱散性	织物裁剪后，布边线圈失去串套连接，按一定方向脱散，线圈之间发生分离	与原料种类、纱线摩擦系数、组织结构、纱线抗弯度等有关	采用包缝、绷缝或卷边、滚边等工艺防止纱线脱散；防止纱线断裂引起脱散；坯布经柔软处理	纬平针脱散性较大；提花与双面组织脱散性较小
卷边性	织物或成衣边缘会产生包卷现象	与织物组织结构、纱线弹性、线密度、捻度及线圈长短有关	采用喷雾粉合剂喷洒于开裁后的布边	单面针织物易卷边
透气和吸湿性	穿着舒适	与织物组织结构、线密度、捻度及线圈长度有关		几乎所有针织物，结构较松散的织物
钩丝与起毛起球	织物或成衣在使用过程中碰到坚硬的物质，纱线或纤维端被勾出表面，摩擦形成小颗粒	与织物组织结构、纤维长短、纤维强度有关	裁剪缝制工作台面应光滑、无毛刺	化学纤维长丝或混纺纱线编织的面料
抗剪性	面料表面光滑，推刀时上下层发生滑移现象；化纤面料摩擦生热，易使面料裁剪边缘熔融、结粒	与原料种类和后整理有关	化纤织物裁剪落料层数不宜过多；降低裁剪电刀的速度，采用波形刀口刀片	涤纶双面针织物
纬斜性	织物纵行与横列不垂直；洗涤后易扭曲变形	与纱线捻度不匀或过紧有关；纱路数过多	纱线捻度适中；进纱路数减少；树脂扩幅整理；裁剪时注意样板与坯布纹路平行或垂直	一般为圆筒纬编针织物
缝制回缩性	缝制成成衣后，尺寸比原衣片小	与原料种类、线密度、织物组织结构及后整理有关	定型时放出回缩量；设计样板时要放 2% 左右回缩量	大部分针织物

2. 验布（光坯布检验）

由于坯布的质量直接关系到成衣的质量和产量，因此裁剪前，必须根据裁剪用布配料单，核对匹数、尺寸、密度、批号、线密度是否符合要求，在验布时对坯布按标准逐匹进行检验，对影响成衣质量的织造、染整、印花各类疵点（漏针、破洞、油污、色花、漏印等）做好标记及质量记录。

3. 裁剪流程

（1）铺料与断料（落料）：依照样板及工艺排料要求，按一定的段长落料。手工落料时拉力要均匀自然，尤其是弹性好的面料要防止拉力不匀而造成的段长差异；段高一般控制在 15cm 左右，由于化纤织物有抗剪性，裁剪落料层数不宜过多。

（2）借疵：是提高产品质量、节省用料的重要一环，落料过程中尽可能将坯布上的疵点借到裁耗部位或缝合处。

（3）划样：按工艺排料图，在断好的一叠坯布上，将样板覆盖用划粉画线（与布面垂直）。

（4）裁剪：在裁剪工具上，一般采用电刀和钢带裁布机；在裁剪方法上，一般采用套裁方式，基本要求是保证裁片整齐。注意事项有化纤织物要降低裁剪电刀的速度，采用波形刀口刀片。

（5）捆扎：裁好的衣片和附件按 10 件配套捆扎在一起，在票签上做好货号、规格标记（钩丝织物用布袋套住）。

第二节　服装制图基本知识

一、制图工具

服装制图所用的工具有下列几种。

1. 铅笔

使用专用的绘图铅笔。绘图铅笔笔芯有软硬之分，标号 HB 为中等硬度，标号 B ~ 6B 的铅芯渐软，笔色粗黑。标号 H~6H 的铅芯渐硬，笔色细淡。在服装结构制图中常用的有 H、HB、B 三种笔，根据结构图对线条的不同要求来选择使用。

2. 橡皮

一般选用绘图橡皮。

3. 尺

常用的有直尺、三角尺、软尺、多用曲线尺、袖窿尺、弯尺等（图 8–1）。

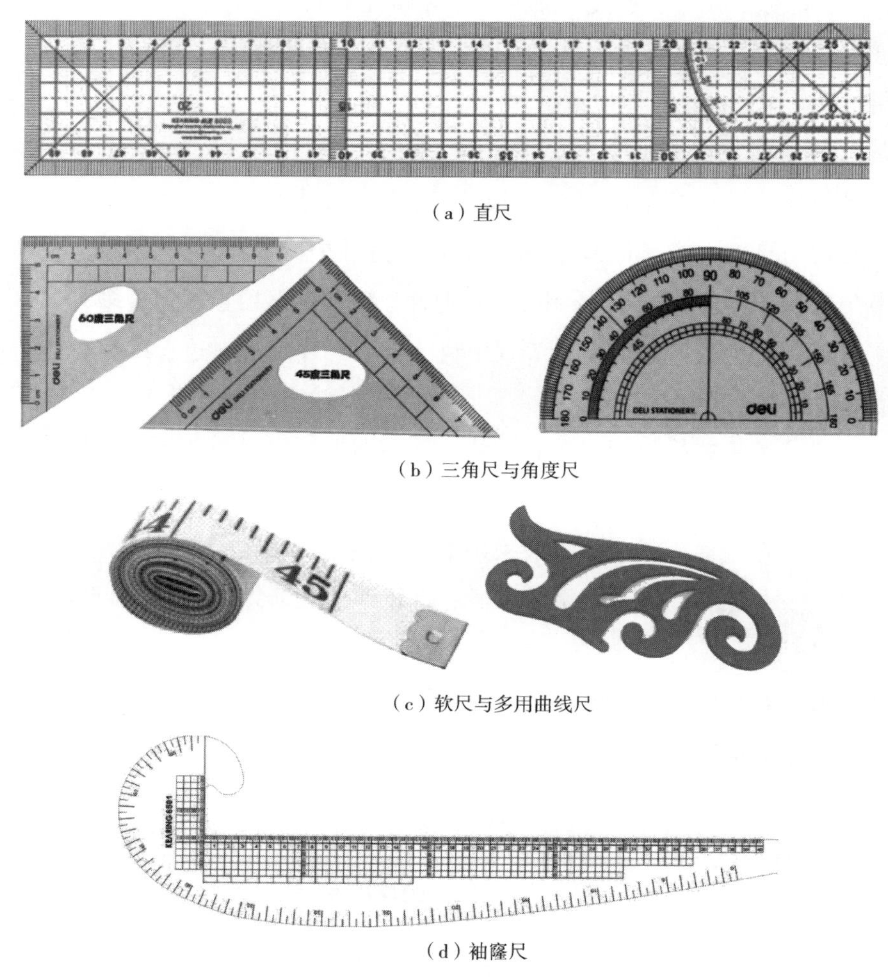

（a）直尺

（b）三角尺与角度尺

（c）软尺与多用曲线尺

（d）袖窿尺

图 8–1　服装制图常用尺

（1）直尺：材料有钢、木、塑料、竹、有机玻璃等。材料不同，用途也不同。在布料上直接裁剪一般采用竹尺，而在纸上绘制服装结构制图时一般采用有机玻璃尺，因其平直度好，刻度清晰，不遮挡制图线条。常用的规格有 20cm、30cm、60cm、100cm 等。

（2）三角尺与角度尺：在服装结构制图中一般采用有机玻璃尺，且多用带量角器的成套三角尺，规格有 20cm、30cm、35cm 等，可根据需要选择三角尺的尺寸规格。

（3）软尺：俗称皮尺，多为塑料质地，尺面涂有防缩树脂层，但长期使用会有不同程度的收缩现象，因此应经常检查、更换。软尺的规格多为 150cm，常用于测量人体或结构图中曲线的长度等。

（4）多用曲线尺：为服装制图设计的专用尺，适合作前后领口、袖窿、袖肥、翻领外口、圆摆等处的弧线。

（5）袖窿尺：用有机玻璃制成，用于绘制袖窿、袖山弧线，特别方便。

4. 剪刀

剪刀应选择缝纫专用剪刀，是剪纸样的必备工具。有大剪刀和小剪刀，大剪刀有 24cm（9 英寸）、28cm（11 英寸）、30cm（12 英寸）等规格，可根据需要选择使用（图 8–2）。

图 8–2　剪刀

二、制图线条及主要用途

制图线条是服装结构制图的构成线，它具有粗细、断续等形式上的区别。一定形式的制图线条能正确表达一定的制图内容。制图线条及主要用途见表 8–2。

表 8–2　制图线条及主要用途

序号	名称	形式	粗细（mm）	用途
1	粗实线	————————	0.9	（1）服装和零部件轮廓线 （2）部位轮廓线
2	细实线	————————	0.3	（1）图样结构的基本线 （2）尺寸线和尺寸界线 （3）引出线
3	虚线	- - - - - - - - -	0.9	叠层轮廓影示线
4	点划线	–·—·—·—·–	0.9	对称连折的线，如领中线、背中线等
5	双点划线	–··—··—··–	0.3	折转线，如驳口线、袖弯线等

三、制图符号及主要用途

制图符号是指具有特定含义的约定性记号，其具体形式与用途见表 8–3。

表 8-3 制图符号及主要用途

序号	名称	形式	用途
1	等分号		该线段平均等分
2	等量号	○◎△□	两个部位的尺寸相同
3	裥位	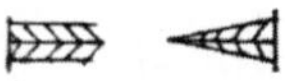	衣片中需折叠的部位
4	单褶	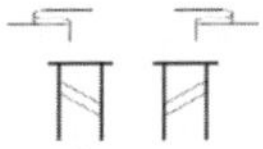	斜线方向表示褶裥折倒的方向
5	对褶		斜线方向表示褶裥折倒的方向
6	省缝		衣片中需缝去的部分
7	连接号		裁片中两个部位应连在一起
8	直角号		两条线相互垂直
9	经向号		表示原料的纵向（经向）
10	顺向号		表示毛绒的顺向
11	皱裥号		裁片中直接收成皱裥的部位
12	归缩号		裁片该部位经熨烫后收缩
13	拔伸号		裁片该部位经熨烫后拔开、伸长
14	重叠线	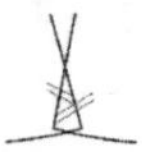	表示纸样的重叠交叉

四、部位代号及其说明

服装结构制图中引进部位代号是为了书写方便，也是为了制图整洁。服装主要部位代号通常以相应英文名的首位字母表示，见表 8-4。

表 8-4　服装主要部位代号

序号	中文	英文	代号
1	领围	Neck Girth	*N*
2	胸围	Bust Girth	*B*
3	腰围	Waist Girth	*W*
4	臀围	Hip Girth	*H*
5	领围线	Neck Line	NL
6	上胸围线	Chest Line	CL
7	胸围线	Bust Line	BL
8	下胸围线	Under Burst Line	UBL
9	腰围线	Waist Line	WL
10	中臀围线	Meddle Hip Line	MHL
11	臀围线	Hip Line	HL
12	肘线	Elbow Line	EL
13	膝盖线	Knee Line	KL
14	胸点	Bust Point	BP
15	颈肩点	Side Neck Point	SNP
16	颈前点	Front Neck Point	FNP
17	颈后点	Back Neck Point	BNP
18	肩端点	Shoulder Point	SP
19	袖窿	Arm Hole	AH
20	长度	Length	*L*

第三节　裁剪类针织服装缝纫常用线迹与机器

一、缝制针织品常用线迹性能和用途

1. 链式线迹

链式线迹是由一根或两根缝线串套联结而成。图 8-3 中 101 线迹为单线链式线迹，该线迹当缝线断裂时会发生连锁脱散，一般用于针织服装缝制时，并多与其他线迹结合使用，如缝制厚绒衣后须用绷缝线迹加固。401 线迹为双线链式线迹，此线迹形态虽与锁式线迹形态相同，但弹性和强力较好，且不易脱散，因此它在针织品缝制中用途很广泛，如滚领、绱松紧带、受拉伸较多的部位（如裆、袖等）的缝合。

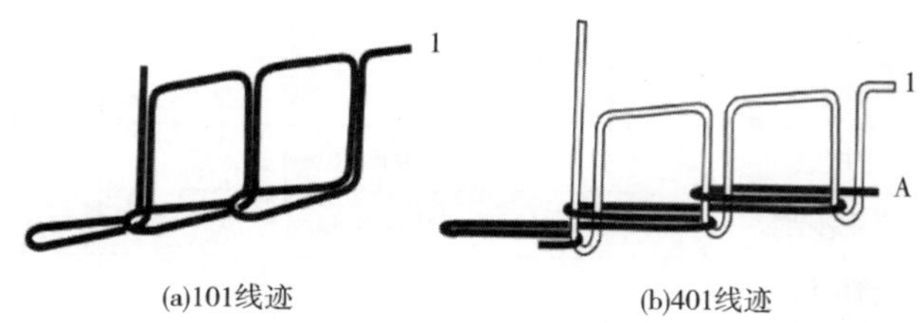

(a)101线迹　(b)401线迹

图 8–3　链式线迹

2. 锁式线迹

锁式线迹又称作平缝线迹，由两根缝纫线交叉连接于缝料中，图 8–4 中的针线 1 和梭子线 a 分别在缝料的两面呈现相同的外观。301 线迹，在针织服装缝制中主要用于钉商标、口袋等部位。

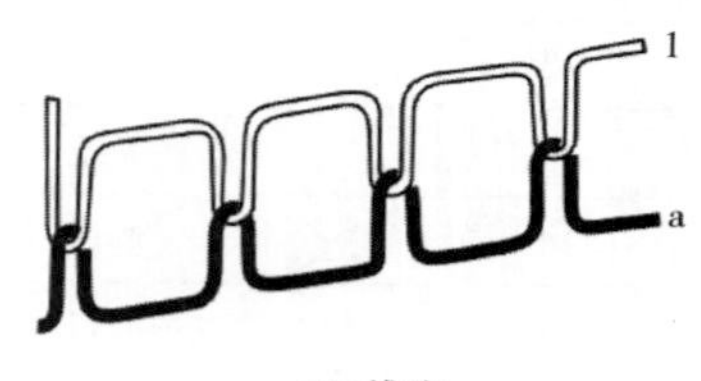

301线迹

图 8–4　锁式线迹

3. 包缝线迹

包缝线迹是指由一根或数根缝线相互循环串套在缝制物的边缘而成，一般分有单线包缝、双线包缝、三线包缝、四线包缝和五线包缝等。目前针织厂广泛使用的包缝线迹有三线包缝和四线包缝，图 8–5 中 505 线迹为三线包缝线迹，507 线迹为四线包缝线迹。

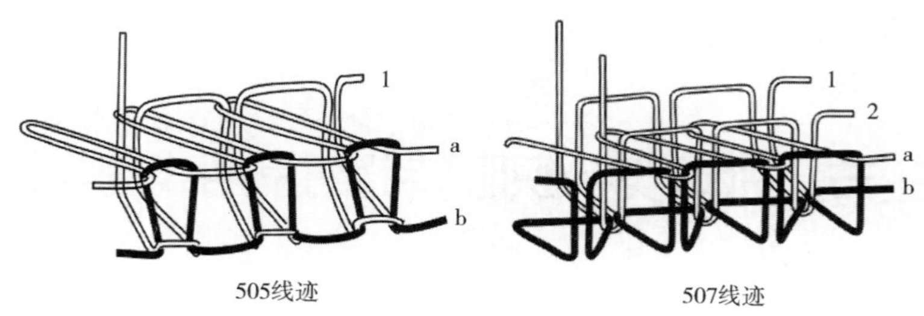

505线迹　507线迹

图 8–5　包缝线迹

4. 绷缝线迹

绷缝线迹由两根以上针线和一根弯钩线互相串套而成（406 线迹、407 线迹），有时在正面可加上一根或两根装饰线（602 线迹、604 线迹）。其中缝线用 1、2、3、4 表示的为直针线，用小写字母 a 表示的为弯钩线，用大写字母 Y 和 Z 表示的为装饰线。

绷缝线迹一般由针数和缝线数加以命名，如 406 线迹称为“两针三线绷缝线迹”、602 线迹称为“两针四线绷缝线迹”、604 线迹称为“三针六线绷缝线迹”。

绷缝线迹常分为两大类：

（1）无装饰线的绷缝线迹（406 线迹、407 线迹）：该类线迹一般线数比针数多一个数，如 406 线迹为两针三线绷缝线迹，407 线迹为三针四线绷缝线迹。该类线迹主要用于针织衫开领、袖边、滚边、滚领等缝制工艺。

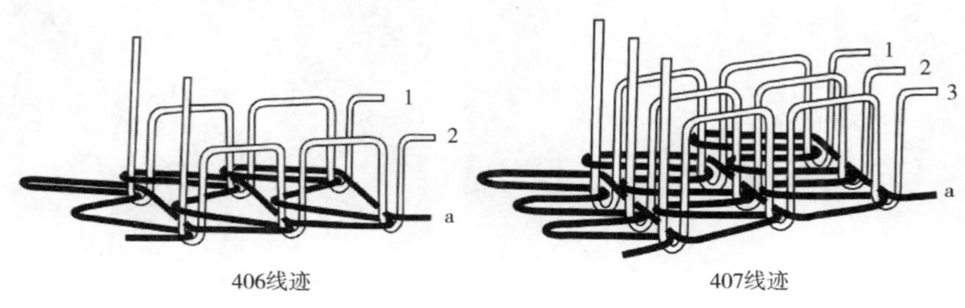

图 8-6　无装饰线的绷缝线迹

（2）有装饰线的绷缝线迹（602 线迹、604 线迹）：该类线迹的正面都有装饰线覆盖，多用于针织衫的拼接及添加装饰边等缝制工艺。

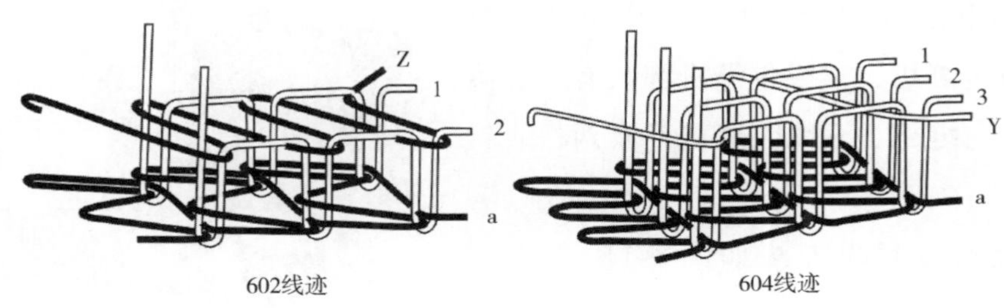

图 8-7　有装饰线的绷缝线迹

二、常用针织专用及装饰用缝纫机

1. 平缝机

俗称“平车”，能形成锁式线迹，由二根缝线交叉连接于缝料中，缝料的两端呈相同的外形，其拉伸性、弹性较差，但上下缝合较紧密。针织服装中常用于钉商标、门襟、装袋等。

2. 包缝机

能够形成各种包缝线迹（500 级线迹）的缝纫机称为包缝机，工厂俗称“拷克车”。包缝机属于 GN 系列缝纫机，在缝制过程中线迹能将缝料的边缘包覆起来，防止缝料边缘脱散，同时包缝机上带有刀片，可以切齐布边、缝合缝料的边缘。缝迹有很好的弹性和很高的强度（图 8–9）。

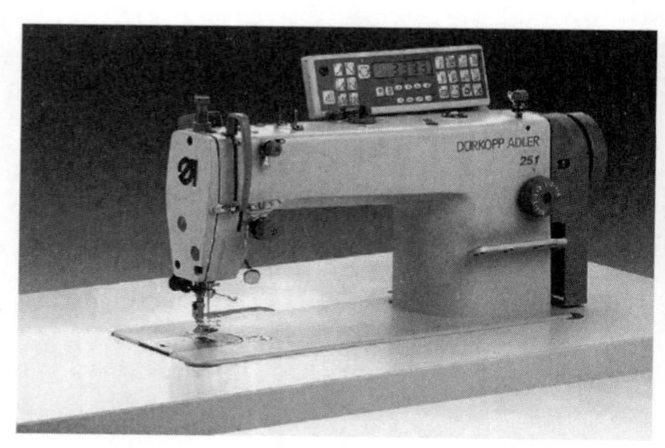

图 8–8　平缝机

图 8–9　三线包缝机

根据形成线迹的类型，包缝机可分为单线包缝机、双线包缝机、三线包缝机、四线包缝机和五线包缝机等。其中单线包缝机、双线包缝机、三线包缝机都只有一根直针；四线包缝机、五线包缝机都有两根直针（图 8–10）。

包缝机的穿线方法如图 8–11~ 图 8–14 所示。

图 8–10　四线包缝机

3. 绷缝机

绷缝机是由两根及以上直针与一个带线弯针相互配合、形成部分 400 级多针链式线迹和 600 级覆盖线迹的缝纫机。400 级绷缝类线迹一般不带有装饰线，一般在线迹的正面看到的是几根相互平行的直线；而 600 级绷缝类线迹带有装饰线，而且由于装饰线的数量不同，所形成的线迹结构也不同，该线迹具有极强的装饰性。

绷缝线迹呈扁平网状，可以将缝料的边缘很好地覆盖起来，又能起到很好的装饰作用；同时绷缝线迹强度高、拉伸性好，因此在针织服装生产中绷缝机应用广泛。如拼接、滚领、滚边、折边、绷缝加固、绱松紧带、饰边等。

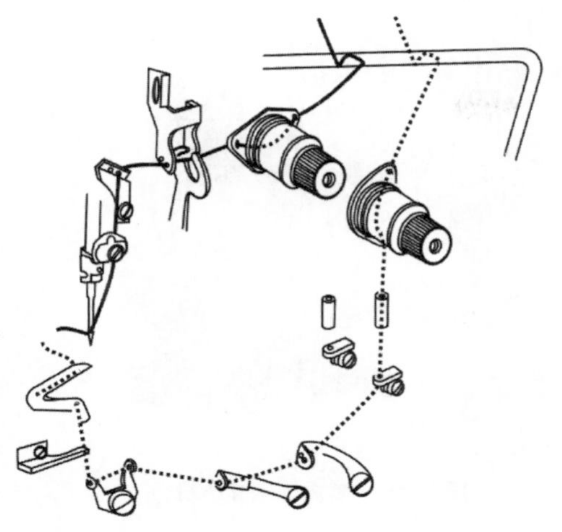

图 8-11　两线包缝穿线

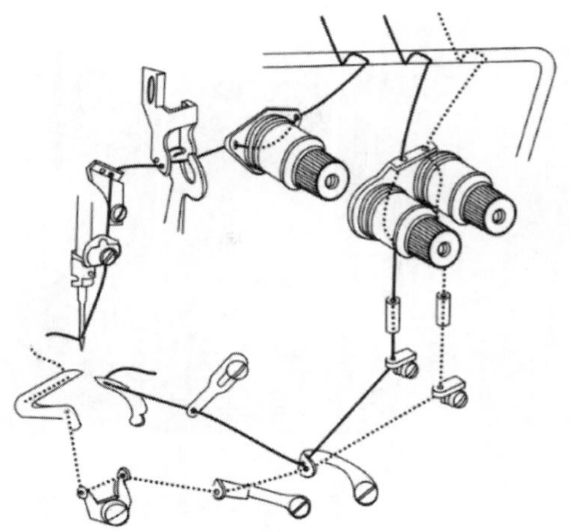

图 8-12　三线包缝穿线

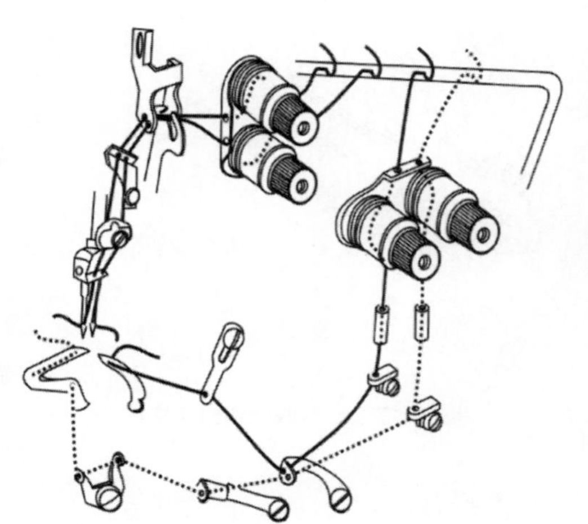

图 8-13　四线包缝穿线

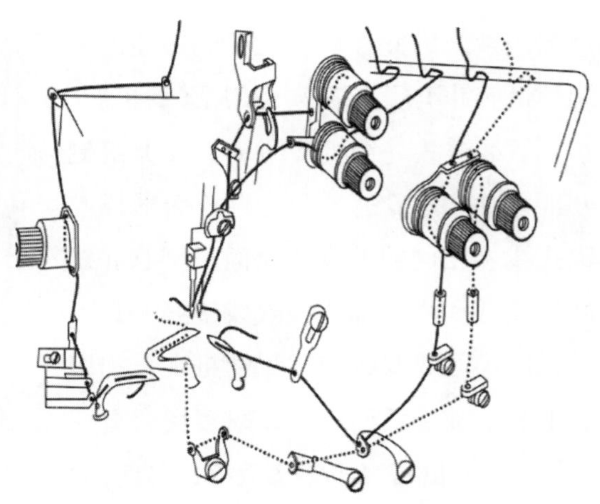

图 8-14　五线包缝穿线

绷缝机根据外形可分为平式车床绷缝机（图 8-15）和筒式车床绷缝机（图 8-16）；根据绷缝机的针数和总线数可分为两针三线、三针四线、三针五线等，还可加上绷缝机的特定功能及用途，如四针六线自动切线绷缝机、三针五线滚领机等。

三针四线绷缝机的穿线方法如图 8-17 所示。

4. 链缝机

形成各种链式线迹的缝纫机统称为链缝机，它属于 GK 系列缝纫机。根据缝线数量的不同，链缝机可分为单线链式缝纫机和双线链式缝纫机。

图 8-15 平式车床绷缝机

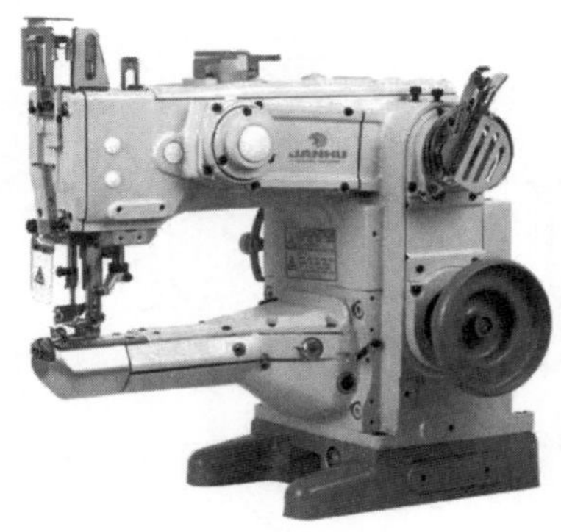
图 8-16 筒式车床绷缝机

单线链式缝纫机是由一根针线形成100级线迹的缝纫机，由于它只有一根针线，无底线，一旦缝线断裂就会发生边锁脱散，因此在应用上受到一定的限制，目前针织厂已基本不使用该线迹。

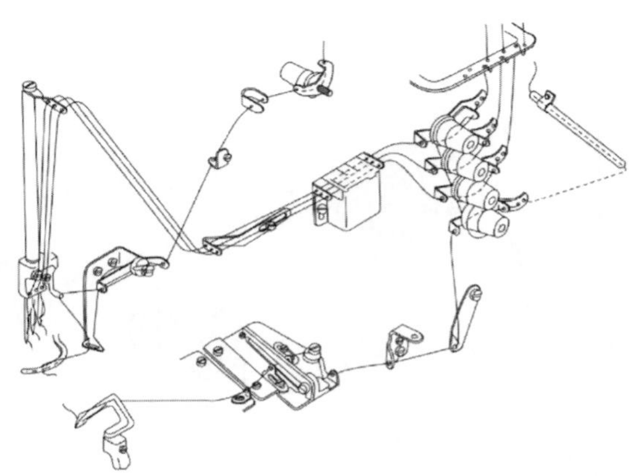
图 8-17 三针四线绷缝机穿线

双线链式缝纫机（图 8-18）是缝制401线迹的缝纫机。在缝料正面形成与锁式线迹相同的外观，反面呈链状。线迹的弹性和强度都比锁式线迹好，且不易脱散。因此双线链式缝纫机在针织服装生产中被广泛使用，在很多场合替代了平缝机，既提高了生产效率，又使得产品质量得到提升。

双线链式缝纫机在针织服装生产中一般根据其用途进行命名，如用于针织服装滚领的称为滚领机；用于缝制松紧带的称为松紧带机（图 8-19）；用于缝钉饰条的称为扒条机等。

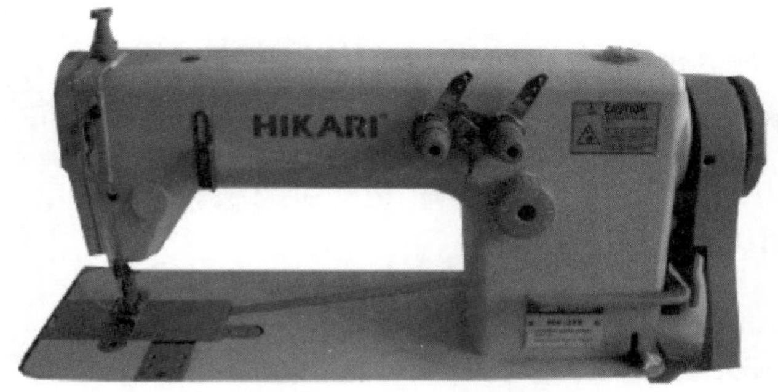

图 8-18 两针四线链缝机

图 8-19 松紧带机

5. 锁眼机

锁眼机又称开纽孔机，按开纽孔的形状可分为平头锁眼机（图 8–20）和圆头锁眼机（图 8–21）。平头锁眼机一般以平缝线迹为主，有时也可为链式线迹，适合于针织衬衣、休闲装等薄型面料服装。圆头锁眼机主要适合于较厚型的面料服装。

图 8–20　平头锁眼机

图 8–21　圆头锁眼机

6. 钉扣机

钉扣机是专门用于缝钉各种纽扣的专用缝纫机（图 8–22、图 8–23），一般采用单线链式线迹或锁式线迹。

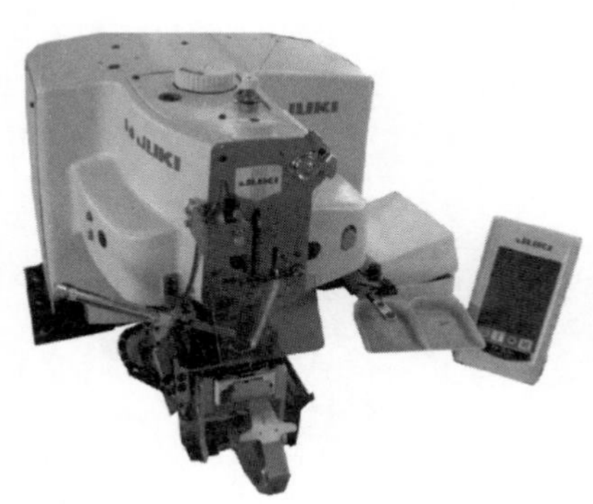

图 8–22　高速电子钉扣机

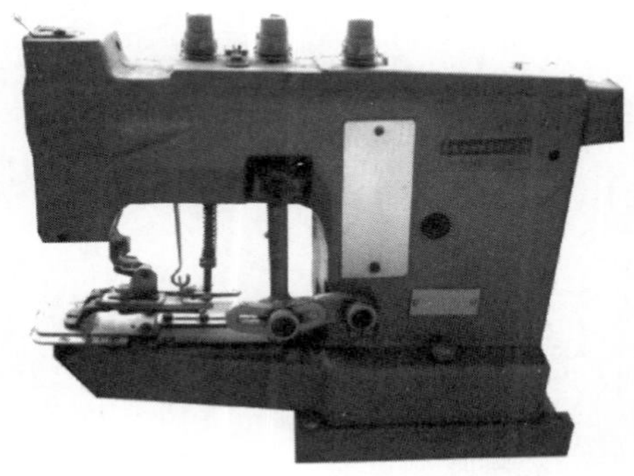

图 8–23　普通平缝钉扣机

7. 撬边机

撬边机又称扦边机（图 8–24），是专门用于各类外衣服装下摆和裤脚撬边用。

撬边机所用机针是弯针，它只穿刺挽边层的巾边布而不穿透正面面料，因而衣服正面无针迹显露，故也称“暗缝缝纫机”。撬边机多数是单线链式线迹，有时也可用锁式撬边线迹。

图 8–24　撬边机

第九章　裁剪类针织服装常用结构设计方法

裁剪类针织服装结构设计方法主要分为平面构成法和立体构成法。平面构成法适合于立体造型较简单的针织服装；立体构成法适合于立体造型较复杂、面料悬垂性好的针织服装。

一、平面构成法

平面构成法，也称为平面裁剪法，平面构成是指将服装立体形态通过人的思维分析，将服装与人体的立体三维关系转化成服装与纸样的二维关系，通过由实测、经验、视觉判断而产生的定寸、公式绘制出平面的纸样。首先考虑人体特征、款式造型、控制部位的尺寸，结合人体的动作、对舒适性的要求及面料的性能（弹性、悬垂性、回缩性等），运用细部规格的分配比例计算方法或基础样板的变化等技术手法，通过平面制图的形式绘制出所需的结构图。

平面构成法分为比例分配法、定寸法、原型法、基样法和规格演算法等。

1. 比例分配法

这是我国服装平面结构制图的传统方法，它通过人体测量设定衣长、胸围、肩宽、领围、裤长、臀围、腰围等人体主要部位的尺寸，根据款式造型的要求，结合针织服装细部规格，运用一定比例公式并加或减一定的调节数，计算出针织服装结构图中的各细部尺寸，最终完成结构制图。该法简明、快捷、易学，适合各类服装制图。所用计算公式是实践经验总结后的升华，计算公式较为稳定，比例分配相当合理，具有较强的操作稳定性，但有些部位仅用比例分配法还不够准确，需要用调节数来修正、补充，这需要操作者有丰富的处理经验，否则，用纸样制成的服装会出现规格正确，但衣不合体的现象。

2. 定寸法

定寸法是针织服装制图的，特别是针织内衣制图的传统方法。由于针织面料具有一定的变形性，且内衣款式简单、衣片数量少，一般都用明确的规格、衣片形状来控制，这是由针织服装的特性所决定的。该法符合针织面料的特点，简单、快捷、易于掌握，适合传统内衣产品制图。随着针织时装的兴起，针织内衣的搭配也逐渐讲究起来，因此沿用多年的定寸法也不能直接参照。以定寸法结合比例分配法的方法，更适用于目前的针织内衣制图。

3. 原型法

原型是根据人体主要部位的尺寸（胸围、腰围、背长、肩宽等），加上最少的放松量，制成几乎与人体完全贴合的基本型。原型法是在原型的基础上根据款式及面料性能等因素的不同需要，增加或减少放松量，并通过切展、折叠等手法，实现各种款式的服装结构图设计。

原型法起源于欧洲，20 世纪 80 年代我国从日本引进文化式原型法，但日本文化式原型只适合机织服装使用。所以国内学者在日本文化式原型的基础上，结合针织面料的特性，通过对胸省、肩省的合理转移与腰线的对应变化，最终构成了针织服装的基本原型。

4. 基样法

它也称为母型法，是建立在原型法的基础之上，以与设计服装品种款式造型最接近的服装纸样作为基本型，对基本型进行局部造型调整，最终制出所需服装款式的结构制图方法。其优点是步骤少、制板速度快，与原型法一样具有较科学、实用的特点，易于各种款式造型的变换。

5. 规格演算法

它是根据服装的款式要求与适穿对象的体型来确定服装的规格尺寸，以规格尺寸、衣片形状及测量部位为主要依据，并结合其他影响因素进行样板设计的方法。其特点是简单易学，非常适合一般工厂使用；且适应性广，适合所有针织面料。

二、立体构成法

立体构成法，也称为立体裁剪，是直接将面料覆合在人体或人体模型上，根据设计构思及面料的悬垂性，运用边观察、边造型（通过折叠、收省、堆积、提拉等手法）、边裁剪的手法，制出指定款式衣片的一种结构方法。该方法多用于款式多变与个性化较强的时装结构设计，对于在平裁中遇到的许多难以解决的造型问题可以迎刃而解，但成本费用较高，同时，其最终结果受人体模型标准程度、操作者技术素质和艺术修养等因素的影响。

采用立体裁剪法时，可以整件衣服采用其完成，也可以采用平裁与立裁相结合的方法进行，比如局部（袖子、领子等）造型较复杂的部位采用立裁方法，其他造型较简单的部位采用平裁方法。

目前在针织服装结构设计中使用较为广泛、易于掌握的两种方法为基样法和规格演算法。

第一节　针织服装基样法结构设计

一、针织服装基样的种类与结构特点

1. 针织服装基样的种类

针织服装基样分为上衣基样和裤子基样两大类。上衣基样按服装松度不同又分为紧身型基样、贴体型基样、舒适型基样与宽松型基样四种。本节主要讲述针织上衣基样的制图与应用。

2. 针织上衣基样的结构特点

针织服装上衣基样的结构特点是款式造型较简单，衣片多由直线和斜线组成，结构线的形状不像机织面料要求严格，稍有变化，也可通过面料的弹性来弥补。针织服装上衣基样非常适合针织服装结构线简单、基本无省道的结构特点，衣身前、后片完全相同，只在领窝弧线上有所不同，袖片采用一片式，前后形状完全相同。

针织上衣基样法制图简便快捷，只要使用与所制样板松度相符合的基础样板，根据款式造型的特点及面料的不同性能，通过对基样进行不同程度的调整，即可完成服装的结构制图。

二、针织上衣基样的绘制

1. 针织上衣基样的必要尺寸

绘制上衣基样的必要尺寸有胸围、领围、背长、衣长、总肩宽；绘制袖子基样的必要尺寸有袖长、衣身袖窿弧线长、腕围。根据日本新文化式女装规格和参考尺寸：*B*（胸围）=82，BL（背长）=38，*S*（肩宽）=39，*N*（领围）=37，*W*（腰围）=68，*L*（衣长）=60；SL（袖长）=52，WC（腕围）=16。

2. 针织上衣基样的绘制

以舒适型针织上衣基样为例（图 9–3），衣身和袖身的结构制图方法和步骤如下。

（1）衣身基样的绘制：

①选取某一点作为后颈点，然后以此为基准向下画一条垂直线，尺寸取为背长，画出水平腰线；

②延长背长线至衣长，画出下摆的水平线；

③以后颈点为基准向下取 *B*/6+8cm，画出袖窿线；

④在袖窿深线上取 *B*/4+2cm 为 1/4 胸围，向下画垂线到下摆的水平线，确定下摆；

⑤以后颈点为基准横向取 *N*/5–1' 为领宽，向下画垂线，取 1.5cm 为后领深；

⑥以后颈点为基准向下取 *N*/5–1 为前领深；

⑦以后颈点为基准取 *S*/2–0.7cm，向下画一垂线，其尺寸为 1/8 袖窿深，即（*B*/6+8）/8，确定肩点，并画出肩线；

⑧自肩点向内侧取 1.5cm，并垂直向下画线交于袖窿深线，确定背宽线；

⑨根据领宽及前、后领深，按图画出前、后领弧线；

⑩自肩点经背宽线中点和袖窿深点画出袖窿弧线；

⑪ 在腰围线上根据腰围松度（*W*/4+3.5cm）确定侧腰收省量，画出侧缝线。

（2）袖身基样的绘制：

①先取某一点作为袖中点，然后以此为基准向下画一条垂线作为袖中线，尺寸取为袖长，画出袖口水平线；

②以袖中点为基准，向下取 AH/4+2.5（AH 为袖窿弧长）作为袖山高，水平画出落山线；

③以袖中点为基准，向下取袖长 /2+2.5 作为袖肘线位置，水平画出袖肘线；

④以袖中点为基准，以 AH/2 为半径向落山线画弧，作出袖斜线，并确定出袖宽；

⑤在袖口水平线上取腕围 /2+2.5 作为袖口大尺寸；

⑥做出袖缝线的基础线；

⑦将袖斜线三等分，按图示画出袖山弧线；

⑧袖缝线在袖肘线位置缩进 0.6cm，重新画出袖缝线。

可以用同样的方法和步骤绘制出紧身型（图 9–1）、贴体型（图 9–2）、宽松型（图 9–4）上衣基样的结构制图。

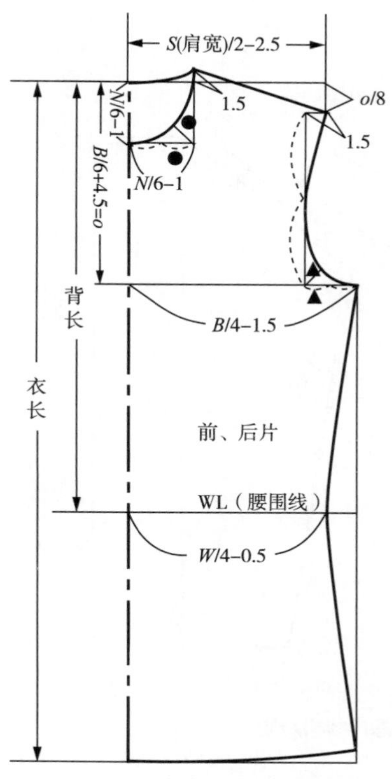

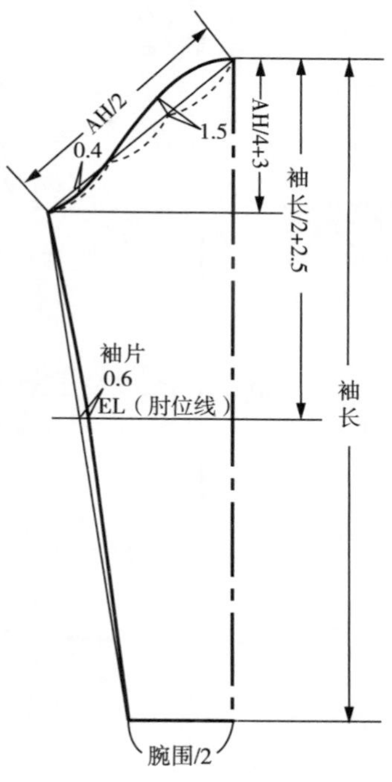

图 9−1 紧身型针织上衣基样结构制图

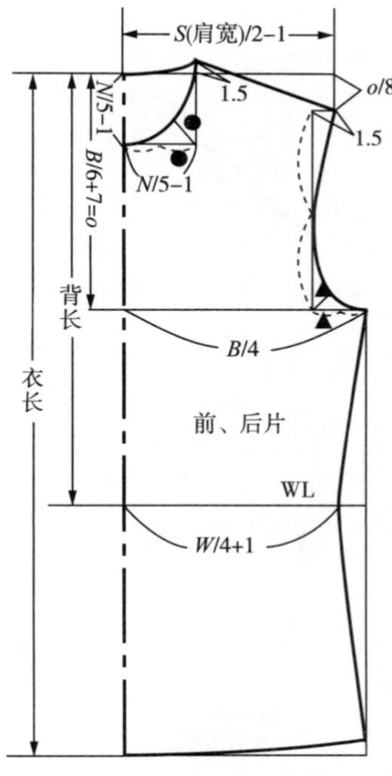

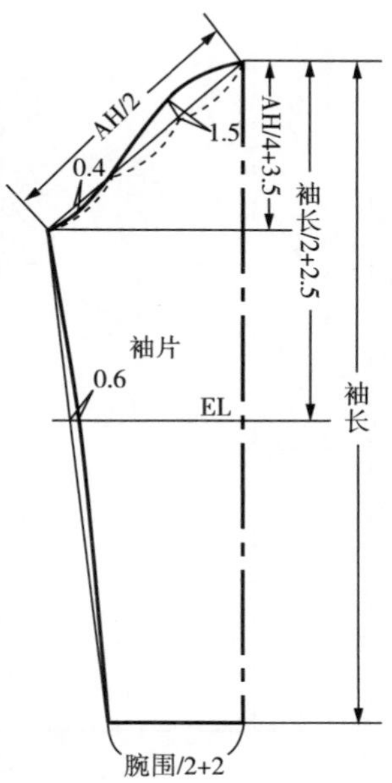

图 9−2 贴体型针织上衣基样结构制图

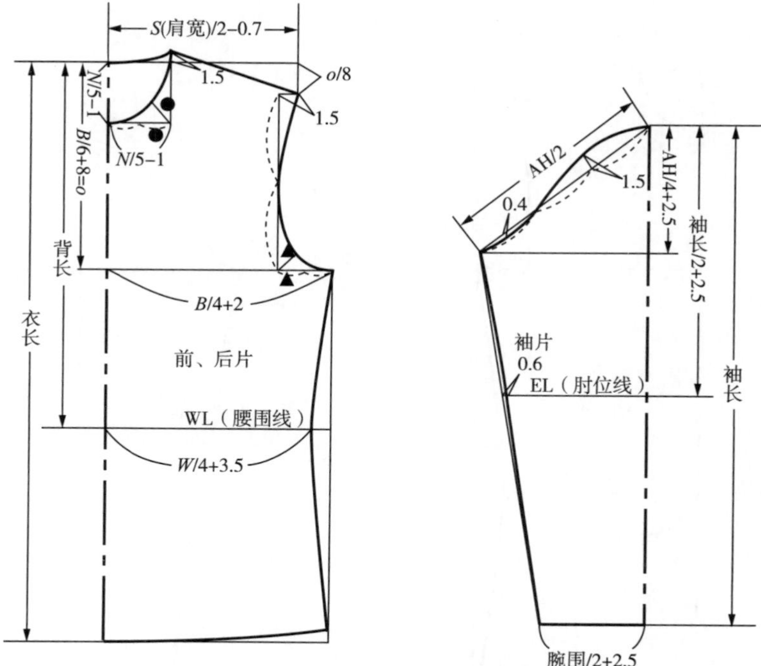

图 9-3 舒适型针织上衣基样结构制图

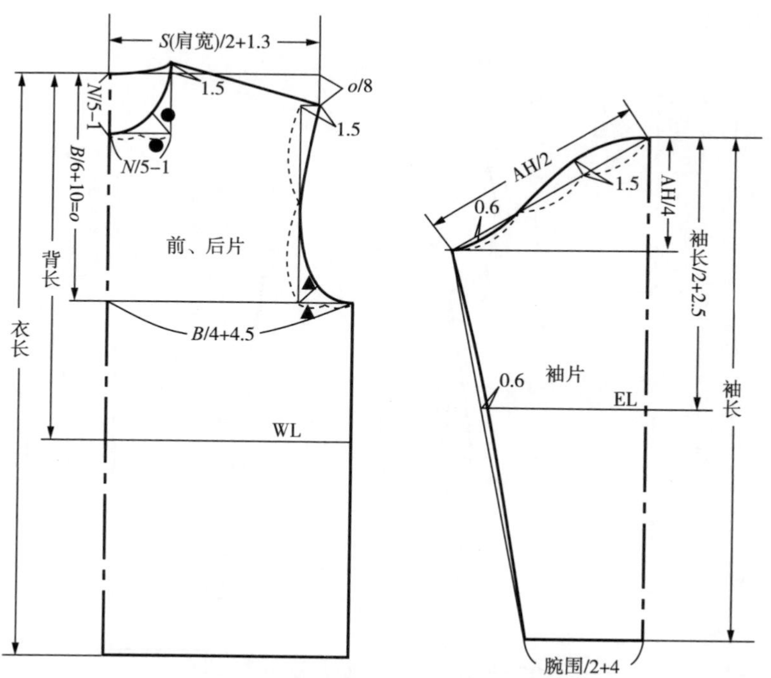

图 9-4 宽松型针织上衣基样结构制图

第二节　针织服装规格演算法结构设计

一、针织服装规格演算法的概念与特点

规格演算法是根据服装的款式要求与适穿对象的体型来确定服装的规格尺寸，以规格尺寸、衣片形状及测量部位为主要依据，结合其他影响因素进行样板设计的方法。

传统针织服装的样板设计一直采用规格演算法，主要原因：

（1）针织面料柔软、易变形，需要明确的规格尺寸来确定服装主要部位的尺寸；

（2）传统针织服装主要是各种内衣类产品，款式造型简单，衣片形状多由直线与斜线组成，便于用规格尺寸进行控制；

（3）针织服装结构线形状不像机织面料那么严格，稍有一点变化，可由面料弹性来弥补。

规格演算法具有以下特点：准确掌握各部位尺寸，能保证成品的规格；简单易学，容易掌握，特别适合一般工厂使用；适应性广，适合所有针织面料。

二、针织服装规格设计实例分析

以针织女装短袖T恤衫为实例进行规格设计，T恤衫的款式如图9-5所示。

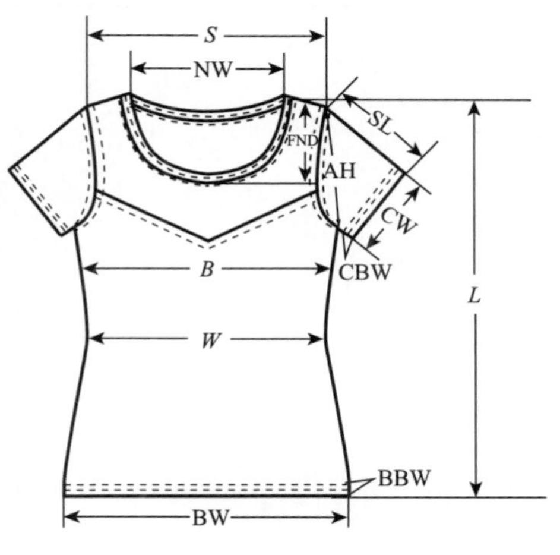

图9-5　针织女式短袖T恤

1. 控制部位数值

根据A类体型女子服装号型各系列分档数值，查出此号型女子各控制部位数值如下：

坐姿颈椎点高=62.5cm，全臂长=50.5cm，（净）胸围=84cm，颈围=33.6cm，总肩宽=39.4cm，（净）腰围=68cm。

2. 控制部位规格设计

依据面料的特性（低弹面料）、服装合体度（贴体合身），确定该款服装主要控制部位规格

尺寸如下：

（1）衣长 = 坐姿颈椎点高 −2.5cm=62.5cm−2.5cm=60cm；

（2）胸围 =（净）胸围 +4cm=84cm+4cm=88cm；

（3）袖长 =16cm，依据款式不同，其长度可变；

（4）腰围 =（净）腰围 +6cm=68cm+6cm=74cm；

（5）总肩宽 =39cm，由于针织面料弹性、延伸性好，因而该款肩宽尺寸不作增减，如果采用高弹面料，肩宽尺寸依据款式可适当减小。

3. 确定各细部规格尺寸

根据女贴体文化衫规格尺寸可查表获得，具体尺寸如下：

下摆宽 =86cm，挂肩 =22cm，1/2 袖口宽 =14.5cm，袖口挽边宽 =2.5cm，领宽 = 16cm，前领深 =8.2cm。

该款女针织衫和圆领女贴体文化衫的不同之处在于领口尺寸，具体为领宽由 16cm 增加至 22cm；前领深由 8.2cm 增加至 11cm。

4. 规格尺寸

最后制定 160/84A 女贴体文化衫各部位规格尺寸，如下表所示。

表 160/84A 针织女贴体文化衫各部位规格尺寸 单位：cm

部位	衣长（L）	胸围（B）	袖长（SL）	总肩宽（S）	腰围（W）	下摆围（BW）
数值	59	86	16	39	74	86
部位	挂肩（AH）	1/2 袖口宽（CW）	袖口挽边宽（CW）	下摆挽边宽（BBW）	领宽（NW）	前领深（FND）
数值	22	14.5	2.5	2.5	24	12

第十章　裁剪类针织服装的细部结构制图

裁剪类针织服装的细部主要包括领、袖、门襟和下摆等。这些细部千变万化，造型极其丰富，既有外观形式上的差别，又有内部结构上的不同，每个细部都有自身的特点及不同的结构设计方法。

第一节　针织服装领型结构制图

针织服装的领型主要分为挖领型和添领型。挖领型从工艺上分为滚边领、罗纹领、折边领、饰边领、贴边领等。添领型从服装结构上分为立领、翻领、坦领、连帽领等。下面主要讲解几种典型添领的结构制图。

一、立领的结构制图

立领是针织服装中比较常见的一种领型，其造型是领子围绕在颈部周围。根据立领高低可分为小立领、中立领、高立领，以及其变化形式——樽领等。

1. 小立领的结构制图

小立领比一般立领低，立领高为 3 ~ 4cm，如图 10-1（a）所示。其制图步骤如下：根据前片的前领口弧长○和后片的后领口弧长△，定出领子的下领围长和后领高（此处定为 3cm），在前中心处抬高 1.5cm，如图 10-1（b）所示，再按图 10-1（c）所示画出前领高和领型的弧线，完成立领的结构制图。

（a）小立领实物

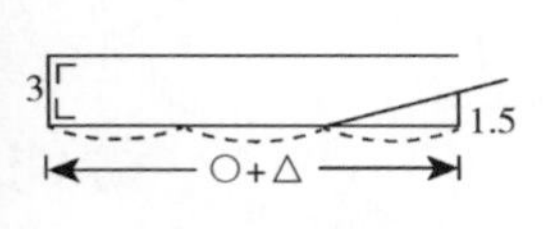

（b）小立领制图步骤

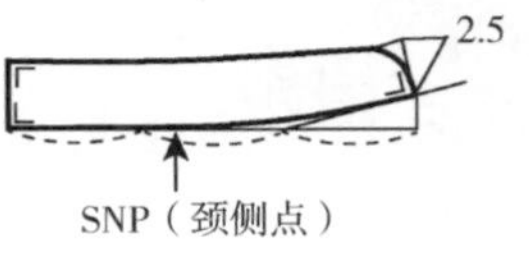

（c）小立领结构制图

图 10-1　小立领的结构制图

立领结构设计的变化原理（图 10–2）：

（1）前中心处提高量的比较：提高量越大，上领围弧长越短，领子与人体颈部越贴合。但前中心提高量不能过大，否则要适当开大衣身领口，或减小领子高度。前中心提高量一般为 1~4cm。

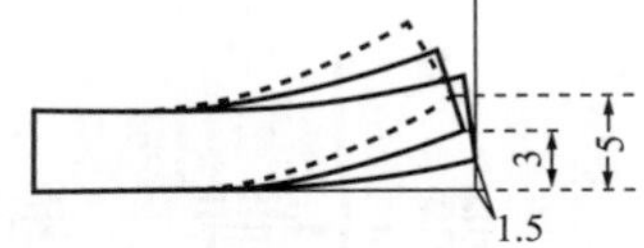

图 10–2 立领结构设计变化原理

（2）立领的高度：一般为 3~4cm，否则会影响颈部运动。若立领高度增加，衣身开口要适当开大，或减少前中心处的提高量。

2. 高立领的结构制图

高立领一般立领高度在 6~7cm，如图 10–3（a）所示。需要开深和加宽大身基础领窝，此处领宽加宽 1cm，前领深开深 1.5cm，如图 10–3（b）所示。高立领结构制图如图 10–3（c）所示。

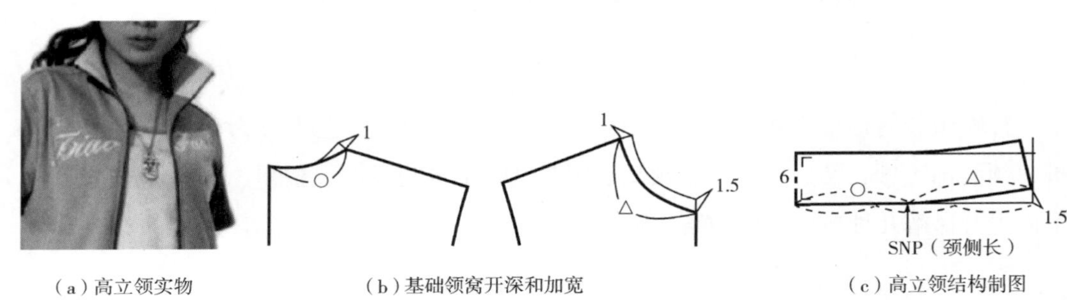

（a）高立领实物　（b）基础领窝开深和加宽　（c）高立领结构制图

图 10–3 高立领的结构制图

3. 樽领的结构制图

樽领一般指高领反折，也可以自然堆积在颈部，如图 10–4（a）所示。一般通过套头方式穿着，因而也需要对大身基础领窝进行开深和加宽，此处领宽加宽 2cm，前领深开深 3cm，后领深开深 1cm，如图 10–4（b）所示。高立领的结构制图如图 10–4（c）所示。

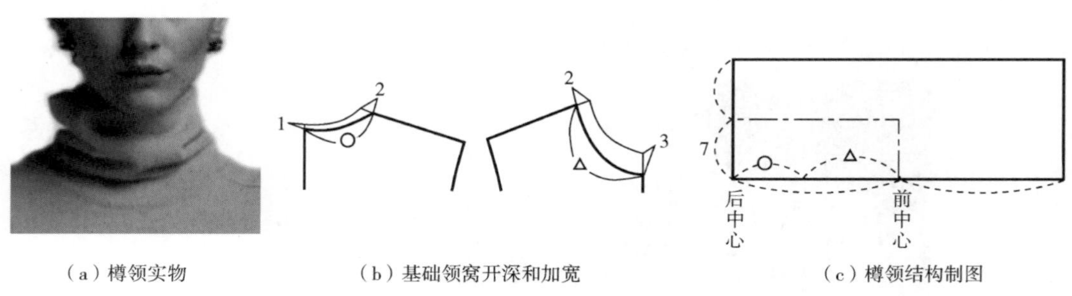

（a）樽领实物　（b）基础领窝开深和加宽　（c）樽领结构制图

图 10–4 樽领的结构制图

4. 罗纹立领的结构制图

常见 T 恤罗纹立领如图 10–5（a）所示。使用针织罗纹织物或其他有一定弹性和拉伸性的针织面料制作立领时，立领的长度要比前、后衣身领口弧长之和更短，其差值视织物弹性而定，且前中心可以不用提高，如图 10–5（b）所示。

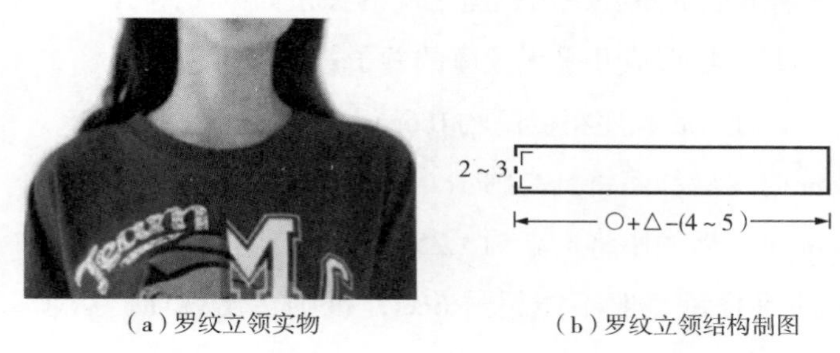

（a）罗纹立领实物　　（b）罗纹立领结构制图

图 10–5　罗纹立领的结构制图

注：$\frac{罗纹领长}{2}=\frac{领口长度}{2}-（4\sim5）$；或罗纹领长=领口长度 ×（80% ~ 85%）。

二、坦领的结构制图

坦领是无领座或只有很小的领座、领子摊贴在领口上的一种领型，又可称为平面领或批领。曾经流行一时的水手领就是坦领的一种，荷叶领与连帽领也是坦领的变化形式。

1. 坦领结构制图步骤（图 10–6）

（1）画出前、后领口基型，按款式修正领口弧线，将前、后肩线重叠，重叠量与款式有关；

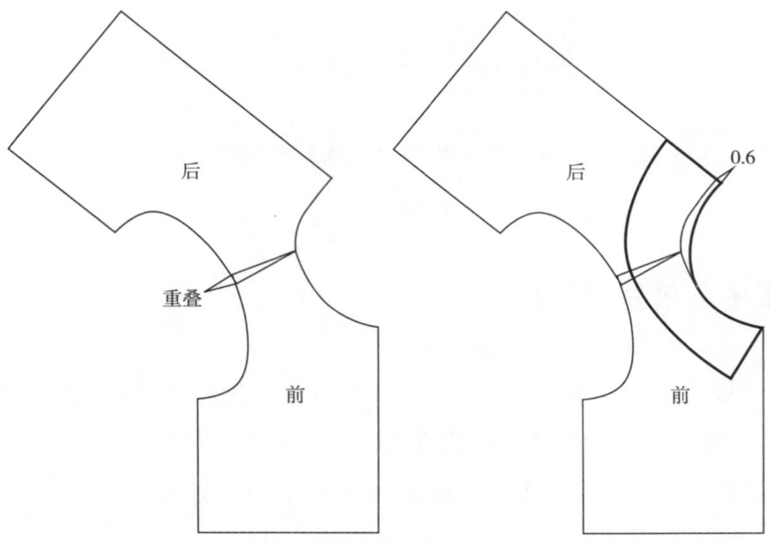

图 10–6　坦领结构制图

（2）后领中心提高 0.6cm，修正坦领下领口线，后中心提高是为了避免领子缝制后，后领处的领子与领口接缝露在外面。

2. 前、后片肩缝线重叠量与坦领造型的关系

如果前、后片的肩缝线重叠量为 0 时，则完成的领子会由于领外口太长，使领片不服帖。前、后片肩缝线的重叠量与领座之间的关系如下（图 10–7）：

（1）重叠 1cm 时，将形成几乎无领座的领子；

（2）重叠 2.5cm 时，后领座将挺高约 0.6cm；

（3）重叠 4cm 时，后领座将挺高约 1cm；

（4）重叠 5cm 时，后领座将挺高约 1.25cm；

（5）肩缝线的重叠量一般不能超过 6cm，否则会出现前、后领口弧线不圆顺的现象。

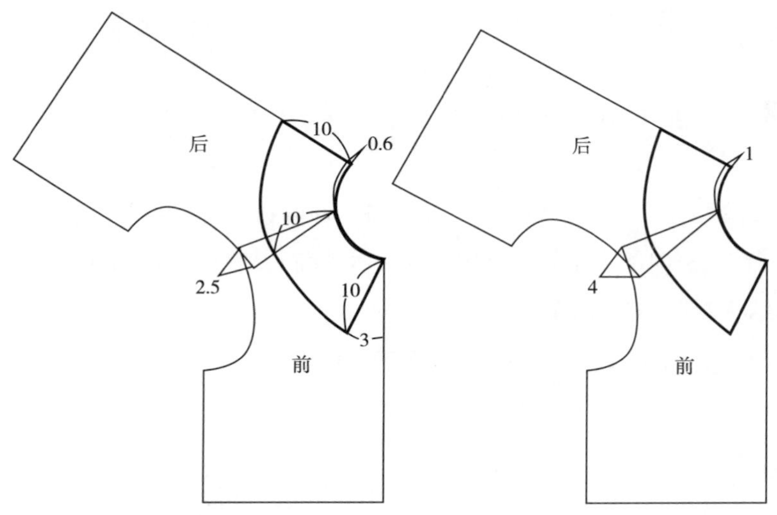

图 10–7　前、后片肩缝线的重叠量与领座之间的关系

三、水手领的结构制图

水手领一般为 V 领结构，如图 10–8（a）所示。先将领口弧线修正成如图 10–8（b）所示的 V 领形状，由于该领型约有 0.6cm 的领座，所以要将修正过领口弧线的前、后片肩缝线重叠 2.5cm，在此基础上画出水手领的领片结构图，如图 10–8（c）所示。

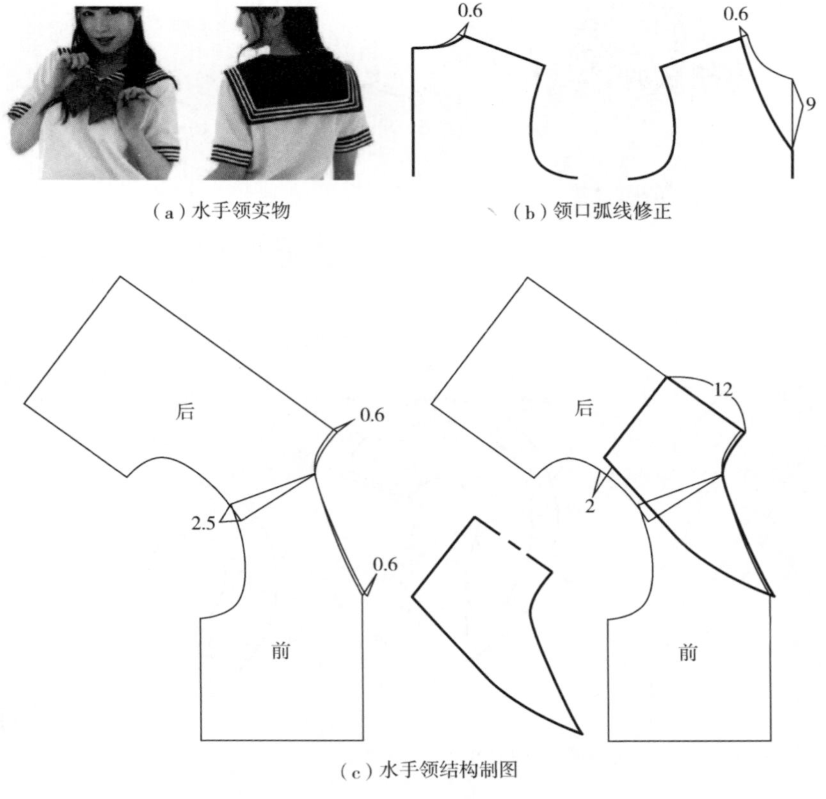

图 10-8　水手领的结构制图

四、荷叶领的结构制图

由于荷叶领需要领子有一定的堆砌感，所以前、后片的肩缝线重叠量应为 0。以图 10–9（a）双层荷叶领为例，讲解荷叶领的结构制图。根据 V 领的领口弧线修正衣身样板的领口弧线，如图 10–9（b）所示。将前、后衣片的肩缝线重叠量设为 0，画出双层荷叶领结构，为了增加荷叶领的起伏感，移出领片结构图，在领片上加几条辅助线并切展开来，如图 10–9（c）所示。在此基础上，得出最终双层荷叶领片结构图，如图 10–9（d）所示。

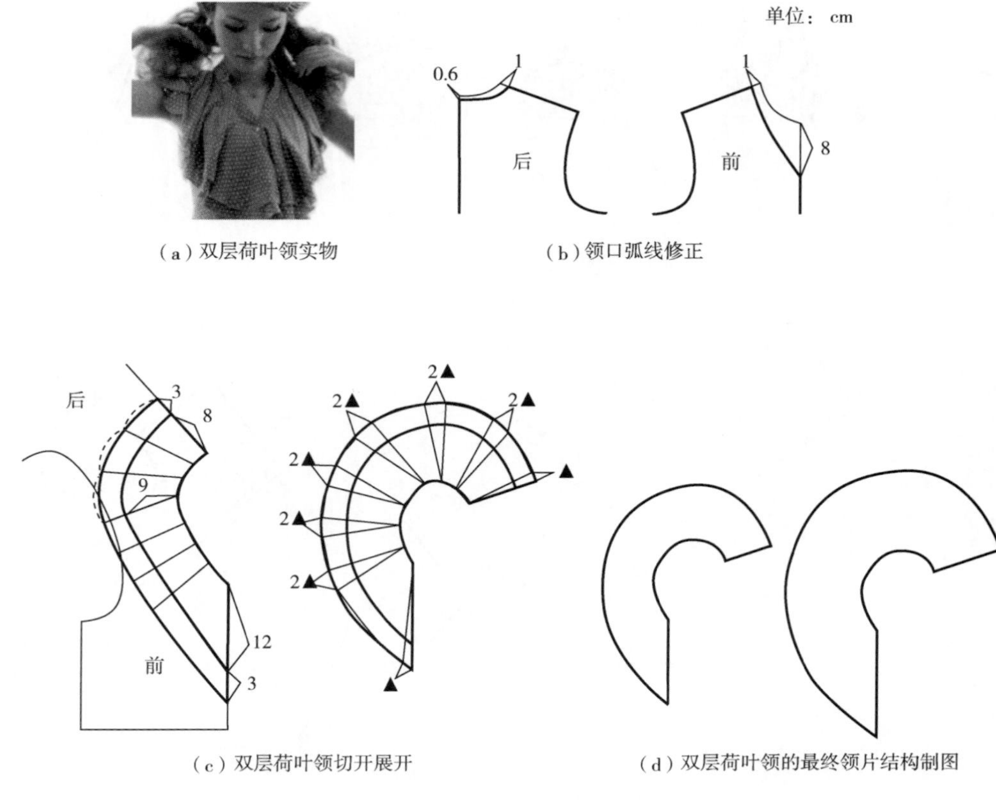

（a）双层荷叶领实物
（b）领口弧线修正
（c）双层荷叶领切开展开
（d）双层荷叶领的最终领片结构制图

图 10–9 双层荷叶领的结构制图

五、连帽领的结构制图

连帽领是一种兼具帽子功能的领子造型，可以说是帽身与翻折领的组合，但与翻折领有着不同的结构组成，兼具装饰性与保暖性。连帽领在领窝开口大小、领窝弧线形状、领片是两片式还是三片式等方面进行着变化设计。常见连帽领如图 10–10（a）所示。

绘制连帽领的结构制图时需要几个关键部位尺寸：前帽长、后帽长、帽宽、前领口弧长、后领口弧长，如图 10–10（b）所示。

前帽长测量方法：用软尺从前领口中心点开始通过头顶部再量至前领口中心点，再加上必要松量作为前帽长尺寸的依据。

帽宽测量方法：用软尺自额头中央经过耳朵上方，绕脑后突出处围量一周的尺寸为头围，减去外眼距，再加上必要松量作为帽宽尺寸的依据。

以两片式连帽领为例，绘制连帽领的结构制图步骤如图 10–10（c）所示。

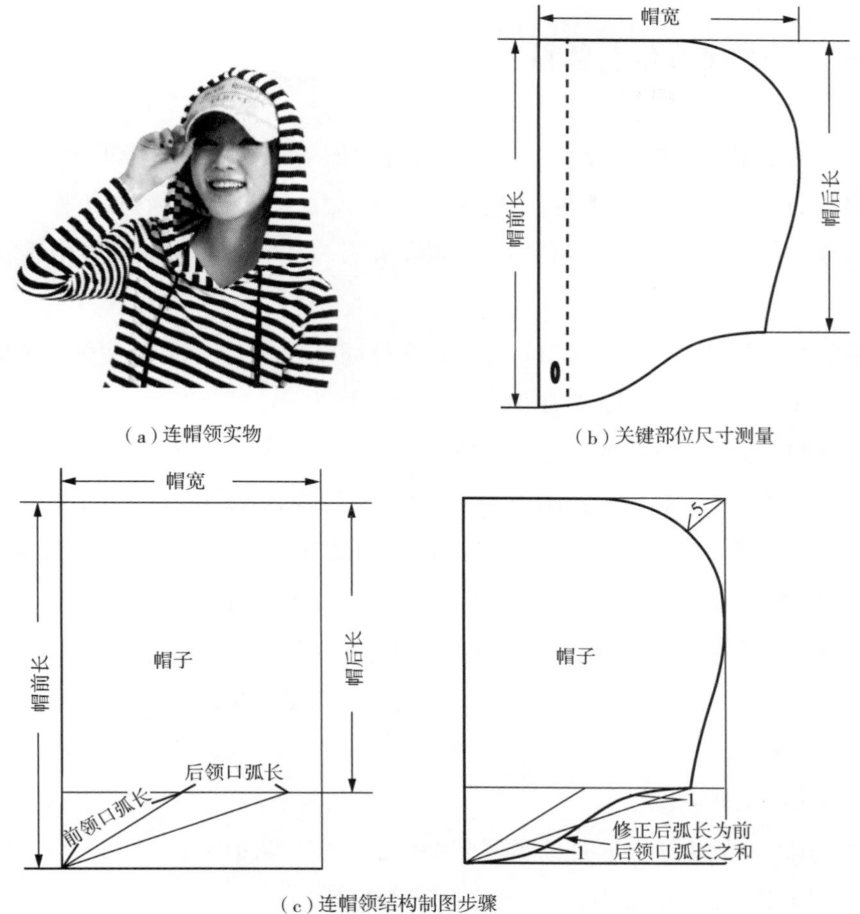

（a）连帽领实物

（b）关键部位尺寸测量

（c）连帽领结构制图步骤

图 10-10　连帽领的结构制图

第二节　针织服装袖型结构制图

袖子要求形态美观外，还要求有活动的舒适性，这在针织服装结构设计中具有很重要的作用。针织衣袖的款式繁多，可按有无袖山、袖子长短、袖子造型、袖片结构等进行分类。根据袖子形态与衣身的结合方式，主要分为无袖、平装袖、泡泡袖、灯笼袖、蝙蝠袖、插肩袖及其他创意袖型。下面主要讲解几种典型袖型的结构制图。

一、平装袖的结构制图

平装袖是最常见的一种袖型，有衣身部分的袖窿和与之对应的袖子两部分组成，衣袖的装袖缝线基本在衣身躯干与手臂连接的关节处，袖山形状接近圆形，与袖窿缝合，组成衣袖（图 10–11）。针织平装袖多采用一片袖，两片袖主要用于合体型针织外衣。

平装袖制图时需要几个关键尺寸：衣身袖窿弧长 AH（前片袖窿弧长 FAH+ 后片袖窿弧长 BAH）、挂肩、袖肥或袖山高。

1. 袖肥、袖山高对服装造型的影响

袖山高及袖肥的确定：如图 10–11（b）所示，袖山高 *ac* 指袖片最高点与袖片最宽处所引出的水平线之间的距离；袖肥 *cf* 指袖片最宽处的宽度。袖山高和袖肥一起制约着袖子的形状及穿着舒适性。在 *af*（通常取 *af*=AH/2）一定的情况下，袖山高与袖肥的关系成反比。当袖斜角 α 越小时，袖山越低，袖肥越大，袖子较宽松，当手自然下垂时，腋下会产生褶皱，影响美感，但优点是运动方便、穿着舒适；当袖斜角 a 越大时，袖山越高，袖肥越小，袖子成行后，外观较合体，当手自然下垂时，腋下无褶皱，造型好，但运动不够方便。

袖山高与袖肥大小以衣身袖窿弧长 AH 为依据计算而得。

（1）宽松型袖子的袖山高 *ac* 一般小于 AH/5；

（2）较宽松型袖子的袖山高 *ac* 一般在 AH/4 ~ AH/5；

（3）合体型袖子的袖山高 *ac* 一般为 AH/3。

2. 一片袖的结构制图

以一片袖为例，绘制针织服装平装袖结构制图，如图 10–11（c）所示。

（1）以袖长为长、袖肥为宽，画长方形 *abdc*，袖肥可根据服装风格而定；

（2）取袖山高：过袖中线顶点 *a* 为圆心，以 AH/2 为半径画弧，与 *cd* 线相交于 *e* 点，*ce* 即为袖山高；

（3）以 *ae* 的下三分之一处为袖山弧线的交点，画出如图所示的袖山弧线；

（4）画出袖口宽 *bf* 和袖缝线 *ef*。

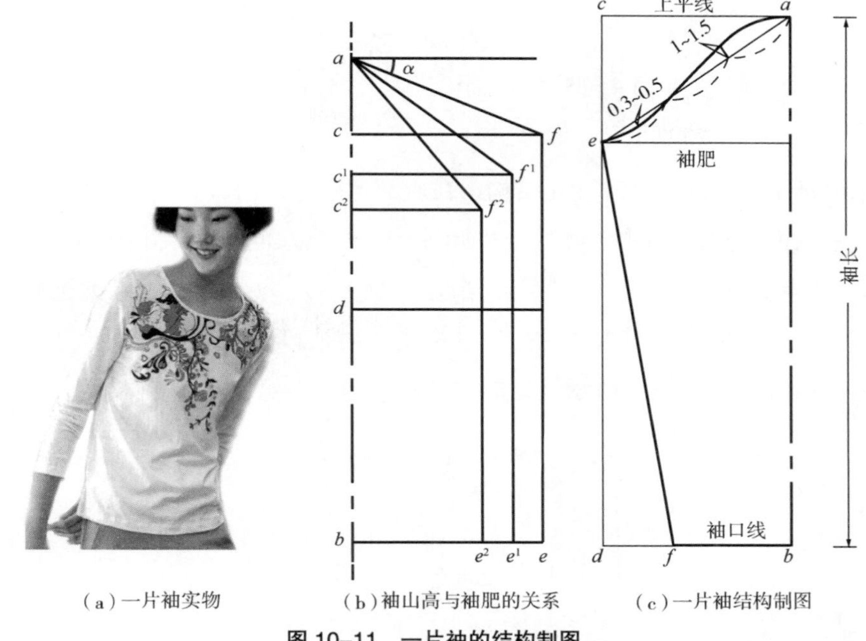

（a）一片袖实物　（b）袖山高与袖肥的关系　（c）一片袖结构制图

图 10–11　一片袖的结构制图

二、泡泡袖的结构制图

泡泡袖是平装袖的一种变化结构，在肩部有较多褶裥，有的在袖口也有褶裥。

以中长泡泡袖为例，如图 10–12（a）所示。以袖子基本型来绘制泡泡袖的结构制图，袖子长度 ab= 袖长 – 袖克夫宽，如图 10–12（b）所示。剪开 ac、cf 线，以 f 点为圆心，向外展开 acf，展开量 g 为泡泡袖的抽褶量，袖口围为袖克夫长 +（2~4）cm。根据泡泡袖的隆起程度，可对袖山高部分进行修正，并画顺袖山上端弧线，最终得到图 10–12（c）所示泡泡袖的结构制图。

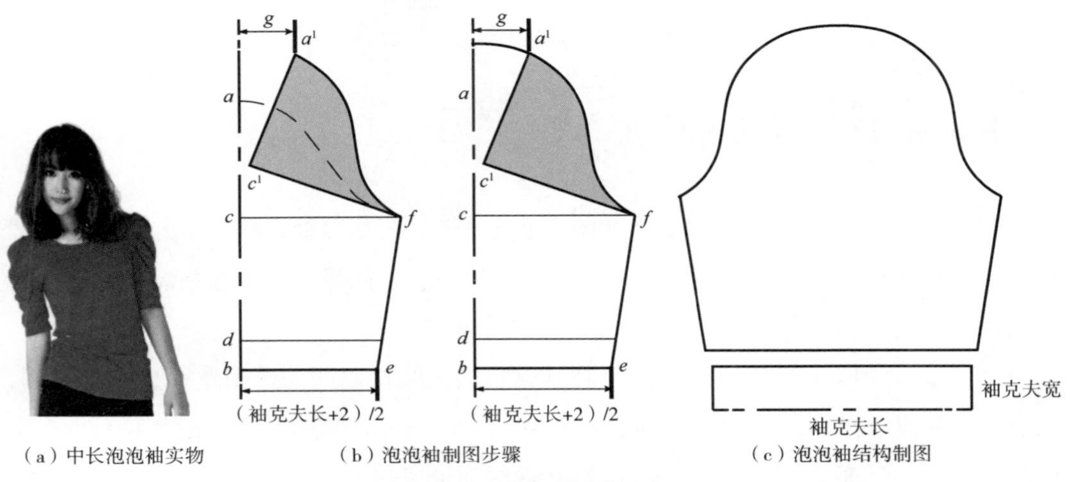

（a）中长泡泡袖实物　（b）泡泡袖制图步骤　（c）泡泡袖结构制图

图 10–12　泡泡袖的结构制图

三、喇叭袖的结构制图

喇叭袖是平装袖的另一种变化结构，在肩部无褶裥，袖口有大量细褶。

以长喇叭袖为例，如图 10–13（a）所示。以袖子基本型来绘制喇叭袖的结构制图，*ab*= 袖长 – 袖克夫宽，如图 10–13（b）所示。剪开 *cf*、*cb* 线，以 *f* 点为圆心，向外展开矩形 *cbef*，展开量 *g* 为喇叭袖的袖口抽褶量；对袖口部分进行修正，并画顺袖口弧线，最终得到图 10–13（c）所示灯笼袖的结构制图。

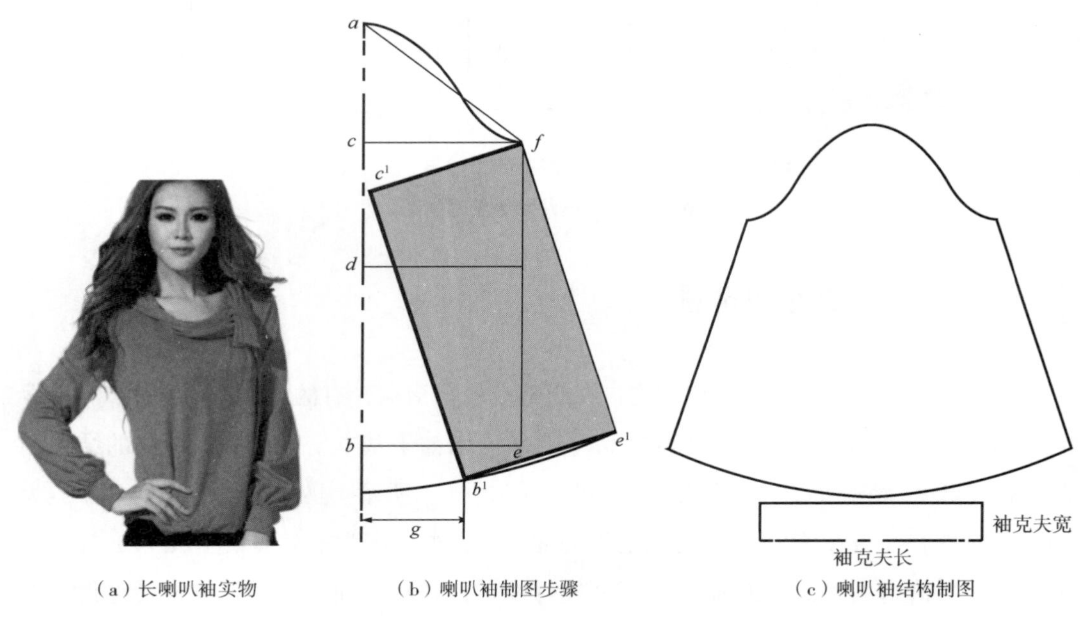

（a）长喇叭袖实物　（b）喇叭袖制图步骤　（c）喇叭袖结构制图

图 10–13　喇叭袖的结构制图

四、蝙蝠袖的结构制图

蝙蝠袖，又称为连身袖，袖子和衣身连成一体，在袖窿处无拼接缝。蝙蝠袖一般适用于比较休闲、随意的服装款式，常采用宽松板型。如果采用舒适板型，要求面料有较好的弹性。

以图 10–14（a）的蝙蝠袖为例，讲解蝙蝠袖的结构制图。选用宽松型衣身基样，从衣身肩端点 *a* 点向外作袖中线 *ab*，*ab*= 袖长，*ab* 与水平线呈 α 角，α 角的大小与宽松程度有关，其最大值不大于 45°，最小值不小于肩斜角。作袖口线垂直于袖中线，

bc= 袖口宽。取袖山高 ad=0~12cm，其值与宽松程度有关，过 d 点作袖中线的垂线（即袖肥线），在袖窿弧线与胸宽线的交点 e 处取 ef^1=ef，ef^1 与袖肥线相交于 f^1 点，得袖肥 df^1。画顺袖中线与袖底线，最终得到蝙蝠袖的结构制图如图 10–14（b）所示。

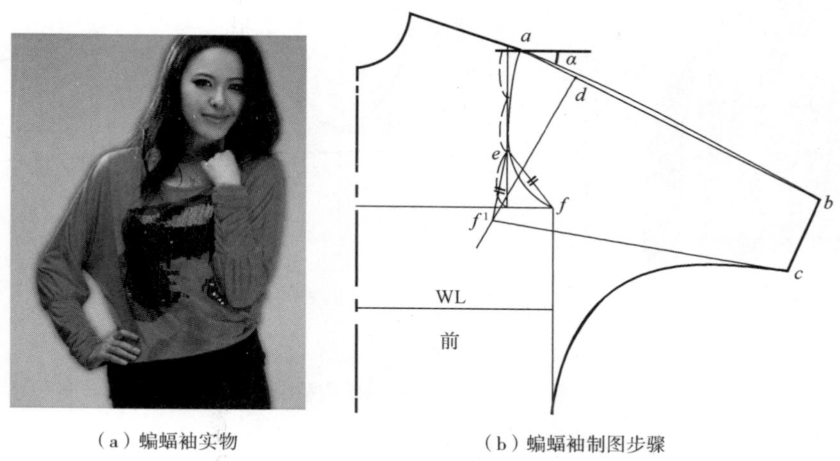

（a）蝙蝠袖实物　　（b）蝙蝠袖制图步骤

图 10–14　蝙蝠袖的结构制图

五、插肩袖的结构制图

插肩袖指衣身的肩部与袖子连成一个整体的一种袖型。这种袖型在 T 恤衫、卫衣、运动服中比较常见，有拉长手臂的效果。可以全插肩，也可半插肩。

以图 10–15（a）的插肩袖为例，该插肩袖前片袖窿为折线，后片袖窿为弧线，为一片式袖，选用舒适型衣身基样，结构制图如图 10–15（b）所示。具体制图步骤如下：

（1）从衣身肩端点 a 点延长肩线作袖中线 ab，ab= 袖长，ab 与水平线的夹角即衣片的肩斜角；

（2）作袖口线垂直于袖中线，bc= 袖口宽。取袖山高 ad=7~8cm，为较合体袖型；

（3）过 d 点作袖中线的垂线（即袖肥线），在袖窿弧线与胸宽线的交点 e 处取曲线 ef^1 等于袖窿下弧线 ef，曲线 ef^1 与袖肥线相交于 f^1 点，得袖肥 df^1；

（4）h 点为后领口线上后片与袖片的分割点，距离肩颈点一般为 3~4cm，与款式设计有关；g 点为前领口线上前片与袖片的分割点，距离肩颈点一般为 4~5cm，与款式设计有关。最后根据款式设计效果画顺前片袖窿折线 ge 和后片袖窿弧线 he（he 用虚线表示，因被前片遮住）。

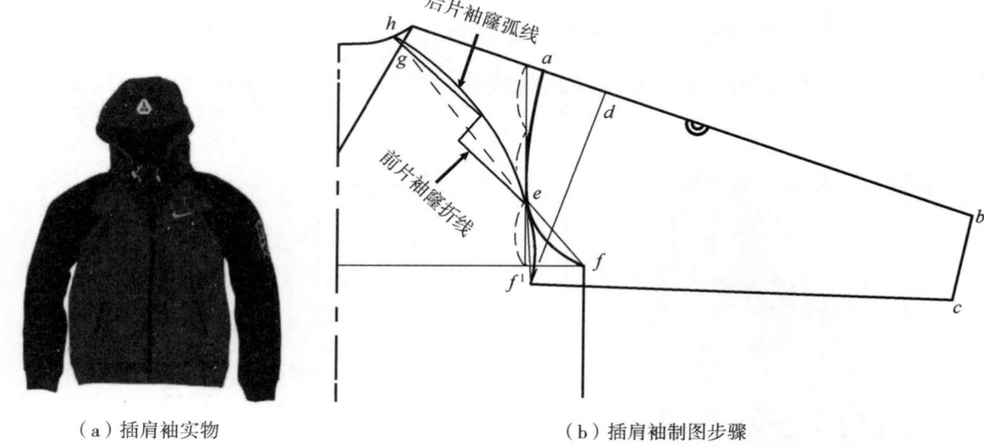

（a）插肩袖实物　　（b）插肩袖制图步骤

图 10-15　插肩袖的结构制图

第十一章　裁剪类针织服装制作工艺实例

第一节　圆领短袖宽松 T 恤衫

一、款式特征

该圆领短袖 T 恤衫为宽松款，罗纹领，底摆、袖口边采用双针卷边，款式如图 11-1 所示。

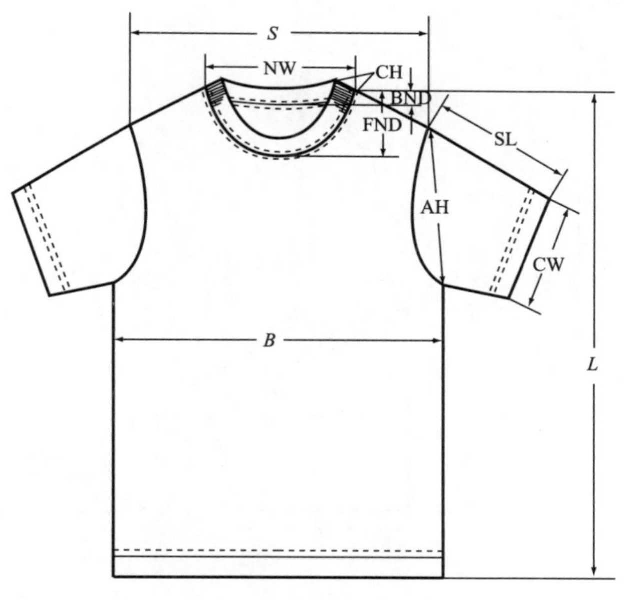

图 11-1　圆领短袖宽松 T 恤衫的款式

二、成品规格尺寸（表 11–1）

表 11–1　成品规格尺寸（号型 160/84A）　　单位：cm

代号	L	B	S	AH	NW	FND	BND	CH	SL	CW
部位名称	衣长	胸围	肩宽	挂肩	领宽	前领深	后领深	领高	袖长	袖口宽
规格尺寸	60	100	42	23	18	8	2	2	22	36

三、结构制图

圆领短袖 T 恤衫的衣片结构制图、袖结构制图和领结构制图，分别如图 11–2（a）、图 11–2（b）、图 11–2（c）所示。

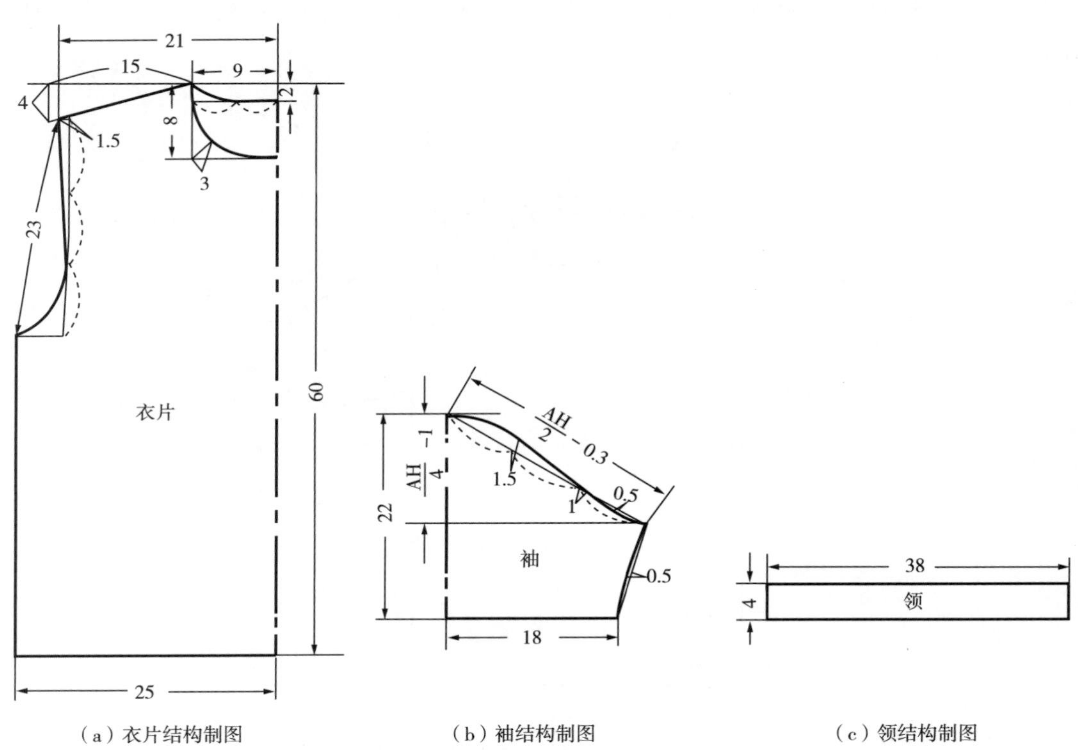

（a）衣片结构制图　（b）袖结构制图　（c）领结构制图

图 11–2　圆领短袖 T 恤衫的结构制图

四、制图要领说明

（1）肩斜的确定：一般女性肩斜角的平均值为 20°，男性肩斜角的平均值为 19°。因针织面料的特点，一般取 11°~16°。制板时，为简化肩斜样板制图，可按直角三角形两直角边比值 15∶3~15∶4 画图，得出的肩斜角 11.3°~14.9°。本例按 15∶4 的比值画图。

（2）袖山高及袖肥的确定：袖肥和袖山高一起制约着袖子的形状及穿着舒适性。本例为较宽松袖型，袖山高定为 AH/4–1，从袖山顶点引斜线长为 AH/2–0.3cm，并与袖山高线相交，即确定了袖肥的大小。

（3）制图时，肩线与袖窿弧线相交处必须成直角，这样肩线缝合后，肩端点附近成圆顺的弧线；同理，袖底线与袖口线相交处尽可能接近直角，以保证袖底线缝合后，袖口处弧线圆顺。制图完成后，应测量袖窿弧长与袖山弧长之差，袖山弧长应大于袖窿弧长 0.3~0.5cm。

（4）领罗纹宽确定：领罗纹长等于领圈周长 ×85%。本例中，前领圈弧长 + 后领圈弧长为 38cm，领罗纹长取 32cm。

第二节　坦领蝙蝠短袖 T 恤衫

一、款式特征

该坦领蝙蝠短袖 T 恤衫为舒适款，领型为坦领，袖子为蝙蝠短袖，底摆、袖口边单针卷边，款式如图 11–3 所示。

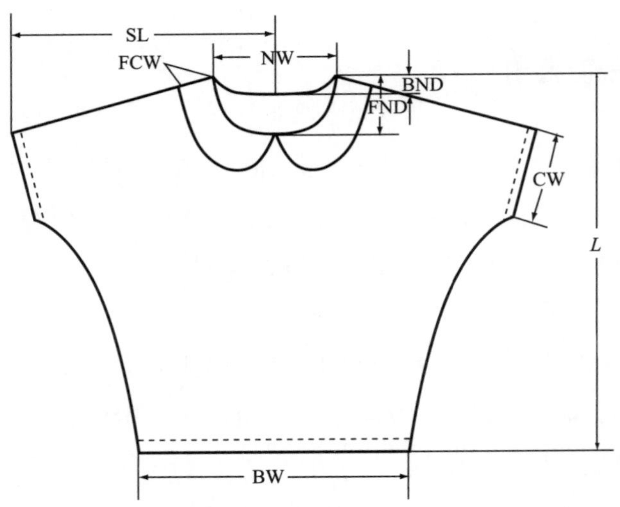

图 11-3　坦领蝙蝠短袖 T 恤衫的款式

二、成品规格尺寸（表 11-2）

表 11-2　成品规格尺寸（号型 160/84A）　　单位：cm

代号	*L*	BW	SL	NW	FND	BND	FCW	CW
部位名称	衣长	下摆围	袖长	领宽	前领深	后领深	坦领宽	袖口宽
规格尺寸	62	88	43	20	10	3	6	26

三、结构制图（图 11-4）

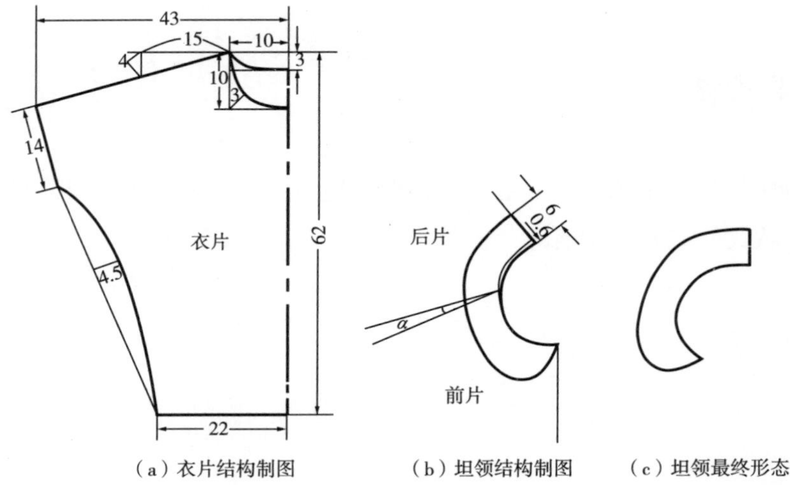

（a）衣片结构制图　（b）坦领结构制图　（c）坦领最终形态

图 11-4　坦领蝙蝠短袖 T 恤衫的结构制图

四、制图要领说明

先把前后肩线拼合，然后把后衣片的肩线向前衣片移动 α 角，让前后衣片在肩线上有一定的重叠量，此处取 $\alpha=9°$，使坦领约有 0.6cm 的领座。

第三节　圆领长袖贴体卫衣

一、款式特征

该圆领长袖贴体卫衣为修身款，面料为弹性面料，下摆、袖口、领口为大身面料包边，款式如图 11–5 所示。

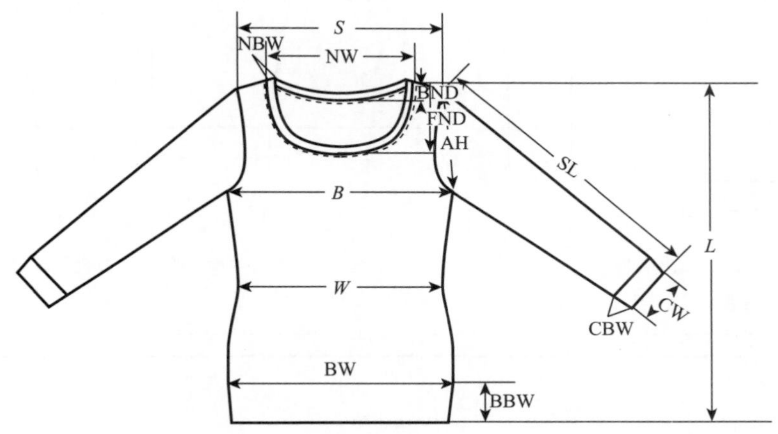

图 11–5　圆领长袖贴体卫衣款式

二、成品规格尺寸（表 11–3）

表 11–3　成品规格尺寸（号型 160/84A）　单位：cm

代号	L	B	SL	S	W	AH	CW
部位名称	衣长	胸围	袖长	总肩宽	腰围	挂肩	袖口宽
规格尺寸	64	84	54	38	76	20	20
代号	CBW	BW	BBW	NW	FND	BND	NBW
部位名称	袖口挽边宽	下摆宽	下摆挽边宽	领宽	前领深	后领深	领口挽边宽
规格尺寸	5	80	8	27	14	4	1.5

三、结构制图（图 11-6）

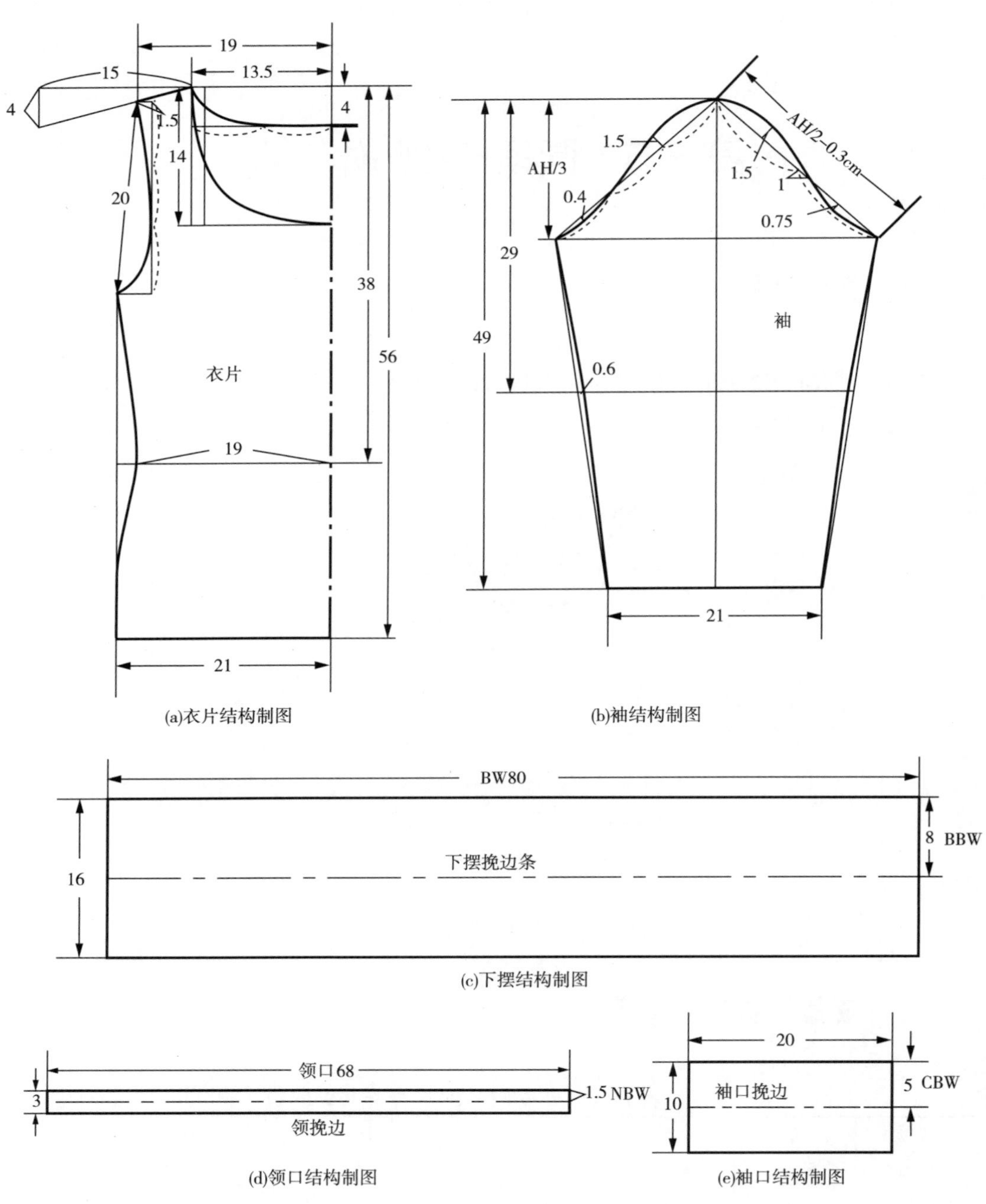

图 11-6　圆领长袖贴体卫衣的结构制图

四、制图要领说明

（1）袖身、袖口宽度的确定：成品规格尺寸的袖口宽 /2 为 10cm，该尺寸为袖口包边的尺寸，通常情况下，包边袖口是袖身袖口的 85%~100%，最终视面料弹性和袖口大小而定，本例取 95%，因而袖身袖口为 20 ÷ 95%≈21cm。

（2）下摆包边长度的确定：成品规格尺寸的胸围为 84cm，与下摆围尺寸相同，通常情况下，下摆包边长度是下摆围尺寸的 85%~100%，最终视面料弹性和下摆围大小而定，本例取 95%，因而下摆包边长度为 84 × 95% ≈80cm。

（3）领口包边长度的确定：通常情况下，领口包边长度是前领口弧长和后领口弧长之和的 85%~90%，最终视面料弹性和领边宽度而定，本例取 90%。经测量，前、后领口弧长之和为 76cm，因而领口包边长度为 76 × 90% ≈ 68cm。

（4）袖山高及袖肥的确定：经测量，前、后袖窿弧长之和为 42cm，本例为贴体袖型，袖山高定为 AH/3=14cm，从袖山顶点引斜线长为 AH/2−0.3cm 与袖山高线相交，即确定了袖肥大小。

第四节　悬荡领抽褶时装裙

一、款式特征

该款悬荡领抽褶时装裙是一款舒适型的中袖连衣裙，悬荡领，腰线以下斜向分割，且有部分抽细褶，袖口和下摆双针卷边，款式如图 11-7 所示。

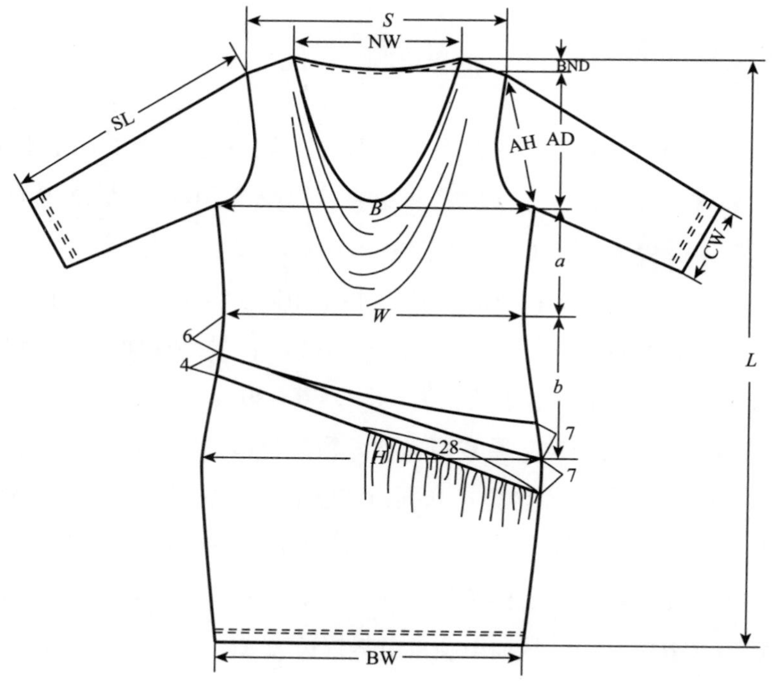

图 11-7 悬荡领抽褶时装裙款式

二、成品规格尺寸（表 11-4）

表 11-4 成品规格尺寸（号型 160/84A） 单位：cm

代号	*L*	*B*	*W*	*H*	BW	*S*	NW
部位名称	裙长	胸围	腰围	臀围	下摆围	肩宽	领宽
规格尺寸	87	94	80	94	86	38	24
代号	BND	AD	*a*	*b*	SL	CW	AH
部位名称	后领深	袖窿深	胸腰长	腰臀长	袖长	袖口宽	挂肩
规格尺寸	2	21	16	21	40	24	20

三、结构制图（图 11–8）

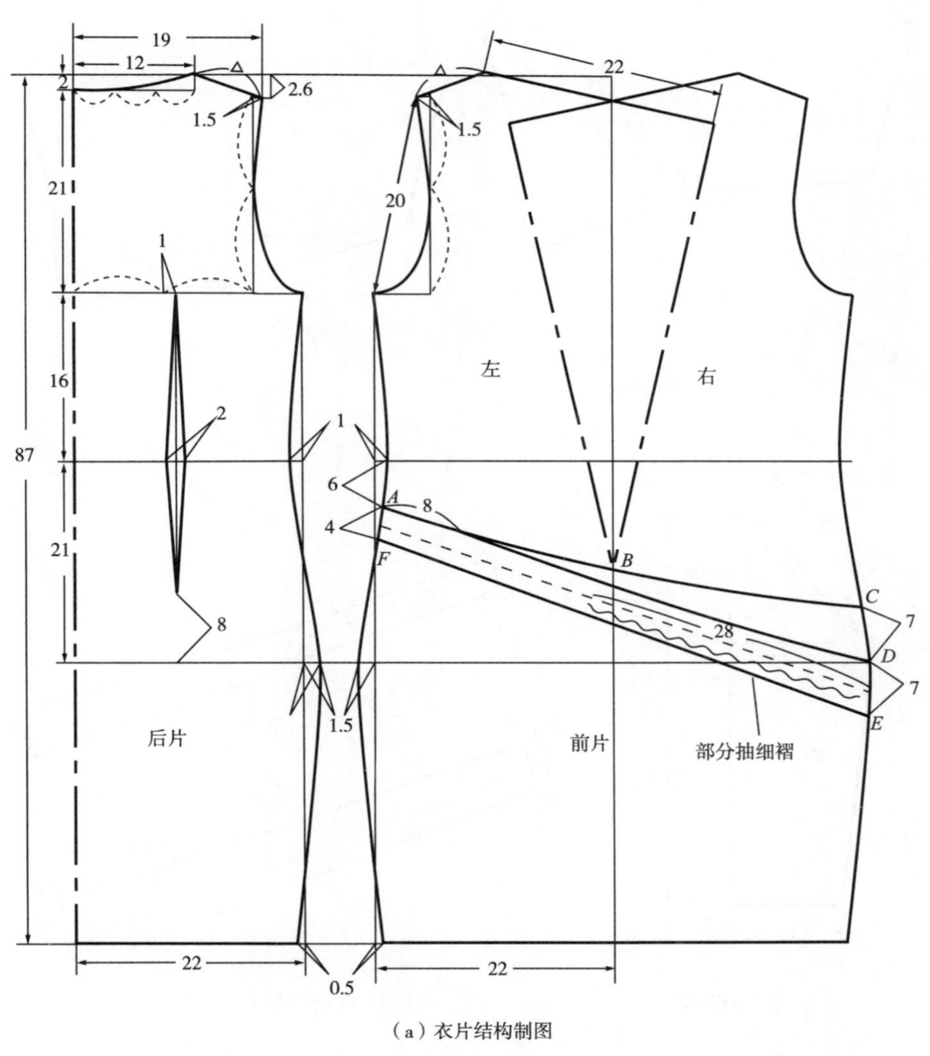

（a）衣片结构制图

图 11–8

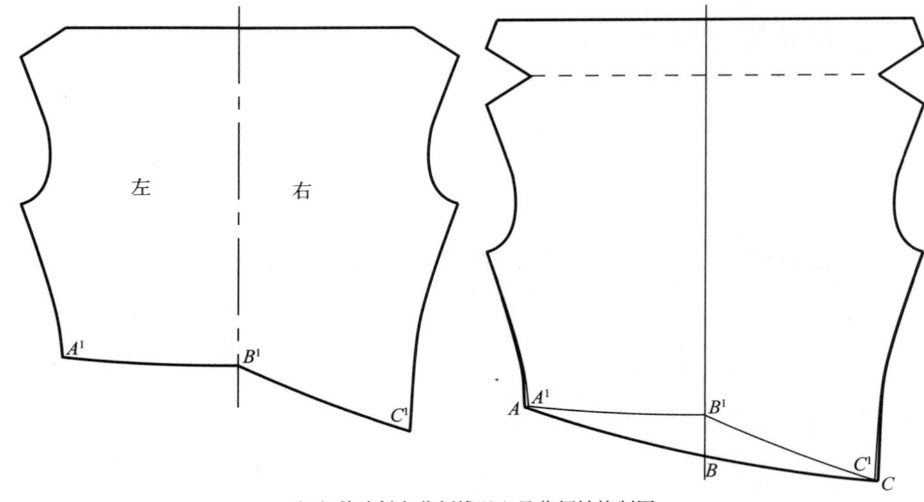

（b）前片斜向分割线以上悬荡领结构制图

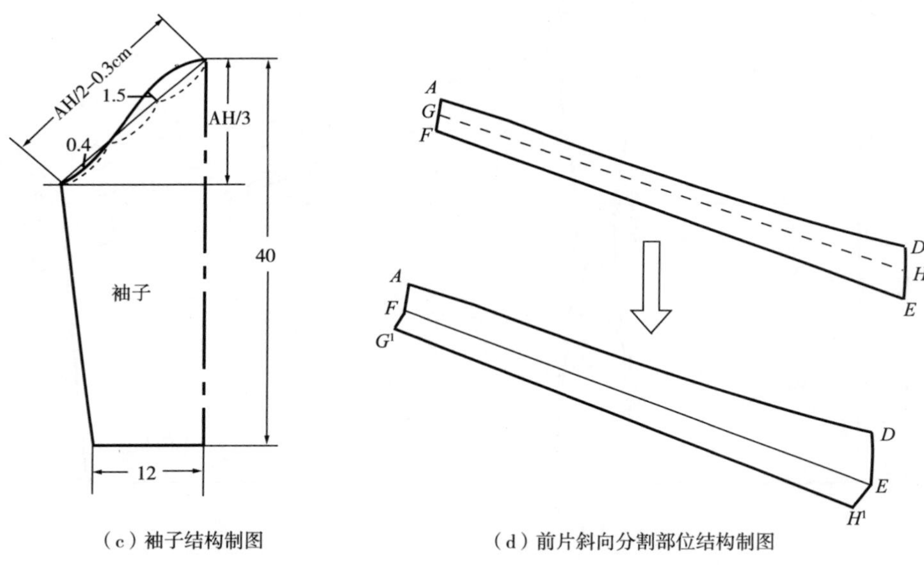

（c）袖子结构制图

（d）前片斜向分割部位结构制图

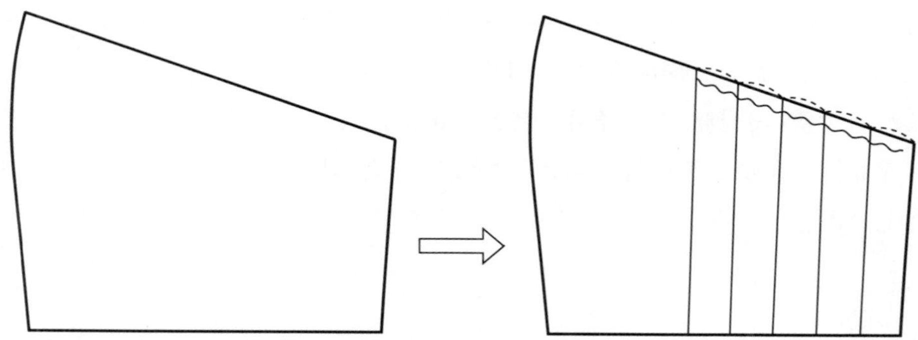

（e）前片斜向分割线以下裙片抽褶部位结构剪开制图

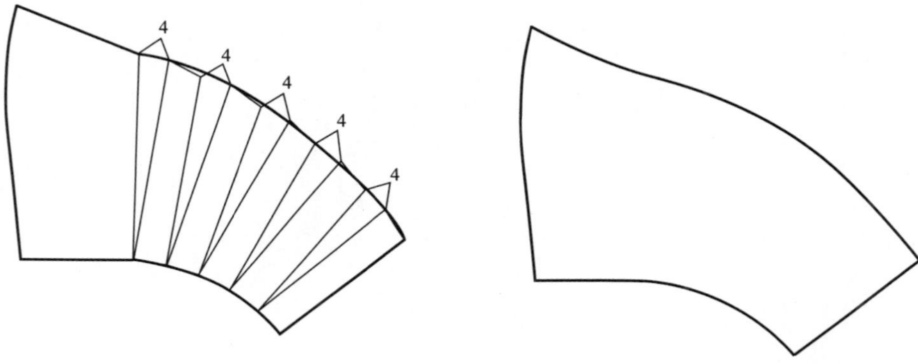

（f）前片斜向分割线以下裙片抽褶部位结构剪开后展开制图　　（g）前片斜向分割线以下裙片抽褶部位结构最终形态

图 11–8　悬荡领抽褶时装裙的结构制图

四、制图要领说明

（1）前片斜向分割线以上悬荡领的制图方法：本例中的悬荡领在腰线以下的斜向分割，使得左右两片不对称，悬荡领在领口拉直时呈水平状态，故领口弧线与前中线保持垂直，当左右两片在前中线重合时，斜向分割线 $A^1B^1C^1$ 需要修正为原分割线 ABC 的形状，并且长度相等。悬荡领为了美观，需要在领口弧线处水平对称翻折，翻折量一般为 8~10cm。

（2）前片斜向分割部位的结构制图方法：前片斜向分割部位实际是在虚线处（也即 GH）与下面的裙片拼合，EF 是翻折线，这样设计是为了遮住拼合部位的缝线。制图时，需要把 *EFGH* 区域沿着翻折线 EF 展开成 EFG^1H^1 的形状，最终形成的 $ADEG^1H^1F$ 为前片斜向分割部位的结构制图。

（3）前片斜向分割线以下裙片抽褶部位的制图方法：对分割线以下需要抽褶的部位进行五等份，在每一等份处沿裙片下摆线进行扇形展开，展开量为 4cm，一共形成 20cm 的抽褶量。

参考文献

［1］谢梅娣，赵俐．针织服装结构设计［M］．北京：中国纺织出版社，2010.

［2］彭立云．针织服装设计与生产实训教程［M］．北京：中国纺织出版社，2008.

［3］沈雷．针织服装设计［M］．北京：化学工业出版社，2014.

［4］沈雷．针织毛衫造型与色彩设计［M］．上海：东华大学出版社，2009.

［5］龙海如．针织学［M］．北京：中国纺织出版社，2008.

［6］李艳梅，林兰天．现代服装材料与应用［M］．北京：中国纺织出版社，2013.

［7］毛莉莉．针织服装结构与工艺设计［M］．北京：中国纺织出版社，2006.

［8］宋晓霞，王永荣．针织服装色彩与款式设计［M］．上海：上海科学技术文献出版社，2013.

［9］贺庆玉．针织服装设计与生产［M］．北京：中国纺织出版社，2007.

［10］王勇．针织服装设计［M］．上海：东华大学出版社，2017.

［11］郭凤芝．针织服装设计基础［M］．北京：化学工业出版社，2008.

［12］谢丽钻．针织服装结构原理与制图［M］．北京：中国纺织出版社，2008.

［13］谭磊，王秋美，刘正芹．针织服装设计与工艺［M］．上海：东华大学出版社，2016.

［14］金枝．针织服装结构与工艺［M］．北京：中国纺织出版社，2015.

［15］贺树青．针织服装设计与工艺［M］．北京：化学工业出版社，2009.